집에서 키우는 사계절
야생화

전문가에게 직접 배워 내가 심어 키운다

집에서 키우는 사계절

야생화

오래오래 잘 기르는 법

글·사진 김필봉

하마을 B&M
HAKMAUL Books & Media

야생화의 사계

온 산야에 충만한 물 기운이 오르기 시작하면 겨울을 견뎌낸 들꽃들은 행복한 꿈을 꾸기 시작한다.

노랑붓꽃

풍노초

별꽃도라지

금새우난

삼색제비꽃

해국

이끼용담

우산매발톱

물싸리

망초

병꽃나무

석위

뻐꾹나리

애기코스모스

섬노루귀

흰동자꽃

청화국

머리글

들꽃은 사람을 가꾸고 사람은 들꽃을 가꾼다

며칠 전 공개강좌를 하러 갔다가 한 아주머니에게 들은 이야기다. 무뚝뚝한 경상도 남편과 함께 사는 이 아주머니는 야생화의 멋스러움에 빠져 야생화를 사들이기 시작했다. 처음에는 "무슨 야생화에 돈을 쓰냐"며 못마땅해 했던 남편이 어느 날 자신이 외출했다가 늦게 돌아오자 "이렇게 예쁜 것들 다 죽이려고 물도 안 주고 늦게 들어오냐"며 오히려 핀잔을 주더라는 것이다. 무뚝뚝한 남편 가슴 한구석엔 이미 들꽃이 뿌리를 내리고 있었던 것이다.

어디 경상도 사나이 가슴뿐이겠는가. 본 만큼 느낀 만큼, 욕심을 뺀 나머지로 들꽃을 키우는 사람들 가슴엔 늘 꽃잔치가 벌어진다는 것을 아는 사람은 다 안다.

내가 야생화와 인연을 맺은 건 대학 산악부 시절이었다. 그때는 왜 그리 배낭이 무겁던지. 배낭이 조금 가볍다 싶으면 돌멩이를 가득 담아 오르게 하는 선배들이 원망스럽기만 했다.

허허거리며 산길을 오르다 화가 나면 발 밑에 채이는 풀들에게 화풀이를 했다. 지금 생각해 보면 유독 눈에 띄는 풀들에게 더 했던 것 같다.

그런 날이면 어김없이 꿈을 꾸었는데, 지금도 잊혀지지 않는 것은 내가 짓밟았던 이름 모를 풀들에게 복수를 당하는 꿈이었다. 어떤 풀은 화살촉처럼 뿌리를 뾰족하게 만들어 내 몸에 박히고 또 어떤 풀들은 허공을 맴돌다 내 얼굴에 오줌을 갈기는 것이었다. 그런 날이면, 평소에는 실력이 모자라 쩔쩔매던 암벽타기도 거뜬하게 해내곤 했다.

내 몸에 꽂히고 받아 마셨던 풀 오줌이 어쩌면 내게 힘을 주었는지도 모른다는 생각을 하면서부터는 끼니 때만 되면 주변의 풀들을 반찬거리로 삼았다. 독초에 관심을 갖게 된 건 그때부터였는데 내가 짓밟고 먹었던 풀들이, 지금 생각해보면 바로 야생화였던 것이다.

대학을 나와 잡지사를 떠돌아다니다가 절집을 들어가게 되었다. 하는 일 없이 땅만 보며 세월을 보내다 약초를 이용한 민간요법이 지방마다 다르다는 것에 관심을 갖게 되었다. 떠돌아다닐 핑계거리를 찾은 것이었다. 그러나 전국을 돌아다니며 자료를 모아 정리를 해보겠다던 당찬 계획은 먹고 사는 현실에 부딪혀 오래 가질 못했다. 다행히 직업이 여행기를 쓰는 일이어서 기회가 사라진 것이 아니지만 책방에 줄줄이 꽂힌 관련 전문서적이 예전의 의욕을 잃게 했다. 그러나 야생화에 대한 미련까지 포기할 순 없었다.

그즈막에 난 야생화 전시장에서 판석 위에 심어진 산삼을 보았다. 분명 꽃을 피우며 살아 있는 산삼이었다. 어떻게 저것이 가능할까?

그때 알았다. 사람의 인생은 한순간에 결정이 되는 수도 있다는 것을. 약초를 정리하는 것은 미루더라도 야생화는 포기할 수 없었다. '미치지 않으면 미칠 수 없다'는 말을 절감하고 야생화에 한번 미쳐보기로 했다. 지금껏 내가 해왔던 일보다 더 잘할 수 있는 일일 것 같았다. 그 후로 나는 참 많은 풀들을 죽였다. 돌에다 나무에다 화분에다 야생화를 담을 수 있는 것이면 어떤 것이든 심어 들여다 보았다.

사람들은 야생화를 키우는 우리 부부에게 "꽃하고 같이 사니 얼마나 좋으냐?"고 말한다. 하지만 모르고 하는 소리다. 야생화를 가꾸며 산다는 것, 업보다. 전생에 지은 죄가 가볍지 않아서다. 전생에 미처 깨우치지 못해 지은 죄마저 깨우치고 돌아오라는…….

억지 부리지 말고 한세월 살다오라는…….

나는 이 사실을 알아내는 데 무려 10년이라는 세월이 걸렸다. 내가 기르는 풀 한 포기에 그 비밀이 있다는 사실을 말이다.

야생화는 결코 죽는 법이 없다. 다만 그 자리를 내줄 뿐이다. 환생에 환생을 거듭할 뿐이다.

말려 죽이는 것이 두려워 야생화를 안 기른다는 사람이 있다. 나는 이렇게 말한다.

인간으로 환생하는 맨 마지막 단계가 꽃이라고…….

그렇게 죽을 때까지 사는 것이었다. 다행히 운이 좋아 나는 그렇게도 꿈꾸던 유배지 늪다리를 찾아냈다. 그리고 지난 몇 년 동안 도로도 없고, 전기도 없고, 휴대폰도 터지지 않는 그곳에 이제 막 오두막 한 채를 지었다. 욕심 같으면 당장이라도 다시 식솔들을 이끌고 서울을 버리고 싶지만, 그 사이 꽃님이 마음이 변해 버렸다. 애들 학교를 못 보낸다는 것이 이유다. 고민만 쌓인다.

우리 집 '꿈꾸는 유배지 늡다리'는 도로에다 차를 두고 계곡을 따라 난 바윗길을 두 시간 남짓 걸어가야 한다. 그래 아무리 값비싼 승용차도 우리에게는 소용이 없다. 당나귀라면 또 모를까. 그래 난 늘 어깨 짐을 지고 그 길을 오르내린다. 아무리 힘이 들어도 싫증나지 않는 그 바윗길을 나는 너무너무 좋아한다. 그 길을 오르내리면서 서울에 두고 온 나를 생각하는 것도 제법 재미있다.

욕심을 부린 대가는 치러야 하지 않겠는가. 시간이 좀 더 걸리면 어떤가. 좋아하는 야생화에 목숨을 걸어 보는 것도, 그렇게라도 해서 한 떨기 야생화를 닮을 수만 있다면 난 그 길을 오르고 또 오를 것이다. 지금은 그 길가에 부지런히 야생화 씨를 뿌리고 있다는 말밖에 할 수 없지만, 언젠가는 입안 가득 미소를 머금고 '꿈꾸는 유배지 늡다리' 우리 집 이야기를 신나게 할 때가 있을 것이다.

'야생화는 곧 자연'이라는 마음으로 이 책을 썼다. 그리고 두꺼운 책장 속의 전문지식이 아니라 상식으로도 충분히 기를 수 있다는 신념으로 썼다. 그러므로 이 책은 식물도감이 아니다. 나 역시 식물학자가 아니다. 단지 어느 사람보다 야생화의 뿌리를 많이 잘라보고 들여다본 나의 경험을 풀어놓았을 뿐이다.

책을 내고 보니 준비 기간이 너무 짧아 사진을 풍족하게 준비하지 못한 점, 더 많은 야생화를 소개하지 못한 점이 아쉬움으로 남지만 보잘것없는 이 책이 야생화를 죽이지 않고 오래 길러보고픈 사람들의 욕심을 조금이나마 채우는 데 도움이 됐으면 하는 바람이다. 책을 내게 해 준 학마을B&M 김재련 사장님과 신초란 실장님, 그리고 우리 '돌쇠와 꽃님이' 드림팀 홍어선 이사님을 비롯해 수연·옥연·미지·윤선, 그리고 내 아내 꽃님이에게 고마움을 전한다.

2006년 4월

김필봉

차례

야생화의 사계

머리글 들꽃은 사람을 가꾸고, 사람은 들꽃을 가꾼다

1장 행복을 가꾸는 들꽃

1. 들꽃과 야생화 · 30

    향기보다 더 아름다운 야생화 · 31 | 자연을 닮은 야생화 · 32

2. 야생화가 좋은 세 가지 이유 · 34

    구절초의 질긴 생명력 · 35 | 부부의 연을 이어준 야생화 · 36

3. 우리 집에서 잘 자라는 야생화, 어떤 것이 있을까 · 38

    성공적으로 기르기 위한 첫걸음 · 39

    갯바람을 먹고 자란 섬초롱, 서울내기가 되려면 · 40

    우리 집에서 잘 자라는 야생화 · 42

    봄 복수초, 노루귀, 솜방망이, 봄맞이꽃, 자란, 현호색, 은방울꽃, 얼레지, 흰젖제비꽃, 매발톱꽃, 설앵초, 할미꽃, 앵초, 깽깽이풀, 개불알꽃, 좀씀바귀, 애기똥풀, 새우난, 족도리풀, 금낭화, 삼지구엽초, 알록제비꽃, 천남성, **여름** 수련, 하늘나리, 나비난초, 땅채송화, 노루오줌풀, 동자꽃, 눈개승마, 술패랭이, 뻐꾹나리, 산수국, 패랭이꽃, 기린초, 인동, 용머리, 분홍노루발풀, 초롱꽃, 바람꽃, 낙동구절초, 솔나리, 노랑어리연꽃, 분홍바늘꽃, 물싸리, 병아리난, 난쟁이붓꽃, 섬초롱꽃, 타래난초, **가을 · 겨울** 구절초, 솜다리, 용담, 매미꽃, 닭의장풀, 꿩의다리, 층층이꽃, 석위, 꽃무릇, 벌개미취, 한라돌창포, 잔대

2장 마음으로 키우는 들꽃

1. **야생화를 기르기 전에 꼭 알아두어야 할 상식** · 82

    초본류와 목본류 · 84 초본 | 목본

    식물의 기본 구조와 생김새 · 85 잎 | 가지 | 뿌리

    야생화의 분류 · 92 수명에 따른 분류 | 생육 장소에 따른 분류

    생태적 특성에 따른 분류 | 자생지에 따른 분류

2. **튼튼한 야생화 고르는 법** · 100

    웃자라지 않은 것을 고른다 · 101 | 뿌리가 튼튼한 것을 고른다 · 101

    잎에 광택이 돌고, 모양이 아름다운 것을 고른다 · 102

    봄부터 가을까지 꽃이 피는 여러 종으로 선택한다 · 103

3. **야생화 죽이지 않고 오래오래 잘 기르는 법** · 104

    주변에서 쉽게 볼 수 있는 것을 선택한다 · 105 | 여러 꽃을 한꺼번에 기른다 · 106

    거름을 주지 않아도 잘 자라는 것으로 선택한다 · 106

    오전 햇살만 들어오는 반 그늘에서, 바람이 잘 통하는 높은 곳에서 기른다 · 107

    물은 꼭 한 사람이 준다 · 108

4. **야생화가 살기 좋은 집** · 110

    사람이 살기 좋은 집은 야생화도 잘 자란다 · 111 | 아파트에서 겨울을 나는 야생화 · 112

    베란다의 습도 관리 · 113 | 베란다의 통풍 관리 · 114 | 야생화의 적, 유리창 · 114

3장 들꽃 세상 우리 집

1. 야생화를 아름답게 가꾸기 위한 준비물 · 118
꼭 필요한 도구 · 119 | 화분 · 120 | 흙 · 122 | 거름 · 126 | 약제 · 130

2. 길가에 핀 야생화, 우리 집 베란다로 옮기는 법 · 132
잡초도 집에선 야생화로 변한다 · 133

잔디밭의 잡초, 우리 집 야생화로 캐어올 때 · 134

화분에 심는 법 · 135

노루귀, 깽깽이풀, 천남성, 수련, 해오라비, 금낭화, 초롱꽃

돈 한 푼 안 들이고 만드는 야생화 모듬

3. 토종보다 더 예쁜 개량종 야생화 기르는 법 · 150
화분 재배로만 자라는 야생화 · 151

홀대받는 개량 할미꽃 · 152

화분에 심는 법 · 153

애기별꽃, 로벨리아, 풍노초, 청화목, 노보단, 바위장대,
벨리스, 사계패랭이, 백설

화분에 담긴 야생화, 잘 기르는 법 · 165

예쁜이국화, 누운애기별꽃, 넝쿨물봉선, 에리카, 청화국, 노란공, 장대도라지,
붉은꽃바위취, 바위털, 로드히폭시스, 암단초, 호주매화, 별꽃도라지,
사계절부용, 황금성유매, 애기자귀나무, 적심패랭이, 넝쿨노랑물봉선,

오색물레나물, 백산풍노초, 솔도라지, 물망초, 애기코스모스,
설화, 애기달맞이, 반잎가솔송, 애기용담, 담배꽃, 애기싸리,
월광화, 고산진달래

4. 야생화, 작고 알차게 기르는 법 · 182

물과 거름을 적게 준다 · 183 | 작고 얕은 분에서 기른다 · 184
햇빛을 충분히 쬐여 기른다 · 186 | 순자르기를 해서 기른다 · 187
순자르기하는 법 · 188

5. 야생화 수명을 결정짓는 분갈이법 · 190

어떤 때에 갈아 심는가 · 191 | 통기성과 배수성이 좋은 흙을 사용한다 · 192
분갈이하는 법 · 192 | 분갈이 이후의 관리법 · 194 | 계절에 따라 갈아 심는 법 · 194

6. 야생화로 연출하는 분경 · 196

분경에 어울리는 화분과 돌멩이 구하기 · 197 | 금강산을 닮은 분경 · 198

7. 덤으로 배우는 난 붙이는 법 · 200

풍란 · 201 | 석곡 · 202 | 나도풍란 · 203
돌에 난 붙이는 법 · 204 | 죽은 나무에 난 붙이는 법 · 205

부록 · 207
희귀 및 멸종 위기 식물 | 특산식물
야생화를 볼 수 있는 식물원 | 야생화 꽃말
참고문헌

행복을 가꾸는 들꽃 1

1 들꽃과 야생화

하루가 다르게 세상이 변하고 있다. 그러나 계절에 따라 변하는 야생화의 소박한 아름다움만큼은 예나 지금이나 변함이 없다.

야생화란 사람의 간섭을 받지 않고 산이나 들에서 자연 상태로 피고 지는 꽃을 일컫는다. 자생식물·들꽃·야생화·산야초 등 지방마다, 사람마다 각기 달리 부르지만 모두 같은 말이다.

그러나 최근 들어 야생화의 의미는 우리나라에서 자라는 들꽃을 비롯해 이런 들꽃을 배양 증식한 원예종과 수입·개량종을 합쳐 일반 꽃집에서 판매하는 관엽식물과 구분짓는 말로 인식되고 있다.

그러니까 들꽃과 원예종, 개량종을 따로 구분하지 않고 이 모두를 하나의 야생화로 뭉뚱그려 부르고 있다는 말이다. 이런 것들을 따로 구분지어 부르고 키우기에는 산에서 피어야 할 자생식물들의 자리가 그리 넓지 않기 때문이다.

향기보다 더 아름다운 야생화

우리나라에서 피고 지는 야생화는 약 4천여 종이 있고, 이 중 10퍼센트가 우리나라에서만 나는 특산물이다. 이중 멸종 위기종 16종, 감소 추세종 20종, 희귀종 49종 등 126종이 환경부 지정 특정 야생식물로 보호를 받고 있는데, 일반인들이 볼 수 있는 야생화는 일부에 지나지 않고, 더구나 가정에서 관상용으로 키울 수 있는 야생화는 극히 일부에 지나지 않는다. 왜냐하면 자생지에서 자라는 야생화는 환경이 달라 아무래도 집에서 기르기에는 무리가 따르기 때문이다.

그렇다고 예쁜 야생화를 먼발치에서만 즐긴다는 것은 인간의 욕심이 허락지 않는다. 이럴 땐 야생화 전문점으로 달려갈 일이다. 아직 종류가 다양하지는 않지만 노루귀나 봄맞이, 제비꽃, 패랭이, 천남성, 금낭화, 매발톱, 초롱꽃, 나리꽃, 용담, 구절초 등 종(種)에 따라 종자를 번식시키고, 꺾꽂이를 통해 몇 년에 걸쳐 야성을 순화시켜 가정에서도 쉽게 키울 수 있도록 개발된 원예종과 키가 큰 것은 작게, 빨리 지는 꽃은 더 오래 피우도록 종자를 개량한 애기별꽃, 예쁜이국화, 애기용담, 노란공, 풍노초 등 개량종 야생화들이 수백 종 가까이 유통되고 있다.

몇 가지를 살펴보면 겉보기엔 가냘퍼 보이지만 추위에 무척 강한 애기별꽃, 꽃이 한번 피면 일주일 이상 피는 데다 여러 번 꽃을 피우는 예쁜이국화, 사계절 꽃을 피우고 곧바로 씨가 맺혀 또 꽃을 피우는 애기용담, 진디가 잎 전체에 꽉 차 있어도 끄떡없을 만큼 병충해에 강한 노란공, 추위나 더위에도 잘 자라는 바위장대 등 자

나도풍란

기 생활 특성에 맞게 골라서 키울 수 있는 것들이 얼마든지 있다. 여기에서 자기의 생활 특성에 맞게 고른다는 의미는, 야생화는 키우고 싶은데, 건망증이 심하고 게으르다 싶은 사람은 생명력이 강하고 물이 마르면 한 번씩만 줘도 잘 자라는 사철패랭이로, 지겹도록(?) 꽃만 감상하고 싶은 사람은 지는 꽃만 따줘도 계속 꽃을 피우는 장대도라지를, 마치 애완동물을 보살피듯, 또 가족을 돌보듯 정성을 다하고 싶은 사람은 꽃이 지면 곧바로 꽃대를 잘라 깔끔하게 감상하는 게 포인트인 애기코스모스를, 분재를 해왔던 사람이라면 자기가 좋아하는 야생화를 골라 금강산을 닮은 분경을 연출해본다는 등 다양하게 즐길 수 있다는 의미이다.

이외에도 한 달 이상 꽃을 올리는 청화국, 잎에서 나는 독특한 향내 때문에 병충해가 없고 눈꽃을 연상시키는 백설, 꽃이 없어도 예쁜 이끼용담 등을 비롯해, 이름이 예쁜 별꽃도라지, 황금냉이, 꽃괭이밥, 암단초, 오색물레나물 등이 있다.

이런 것들은 대개 1년에 두세 번 정도 꽃을 피우는 것들이 많아 한 번만 피고마는 우리나라 자생식물보다 관상 가치가 있고, 이렇게 유통되고 있는 야생화만으로도 집안을 다 채우고도 남는데도 일부 사람들은 꼭 산에서 산채한 자연산만을 고집하고 있다.

자연을 닮은 야생화

왜 자연산이 아니면 안 되는지 그 이유를 모르겠지만 야성을 순화시키지 않은, 즉 들에서 산채한 야생화는 일반 가정 환경에서는 적응이 어려워 잘 자라지도 않거니와 쉽게 죽는다. 그럼에도 불구하고 일부 몰지각한 사람들은 자기 집 거실이나 마당을 꾸미기 위해 야생화 자생지를 마구 파헤치고 있다.

야생화 등을 파는 원예점. 키가 큰 야생화는 작게, 빨리 지는 꽃은 오래 피우도록 개량하고 순화시켜 집에서도 키울 수 있게 만든 야생화가 수백 종이나 나와 있다.

더 심각한 것은 돈벌이 수단으로 전문적으로 야생화를 산채하는 사람들이다. 이런 사람들은 철마다, 그것도 꼭 희귀종만 캐어다가 파는데, 배양 증식된 것이 아닌 이런 것은 일반인들이 구입해 기른다고 하더라도 대개 실패를 하게 되고, 또 철이 바뀌면 다시 사다 심는 일을 반복하는 동안 산과 들에서 피어야 할 야생화는 그 자리를 잃고 만다.

대표적인 예로 개불알꽃을 비롯하여 석곡, 나도풍란, 해오라비난초 등의 난과 식물은 사람들의 손에 의해 이미 자생지에서 사라진 식물들이다. 게다가 천마, 산작약, 삼지구엽초 등의 생약재와 백양꽃, 솔나리, 깽깽이풀, 애기앉은부채 같은 관상 가치가 있다 싶은 야생화는 사람의 손이 쉽게 미치지 않는 깊은 산 속에서나 몇 개체 볼 수 있을 정도로 희귀식물이 되고 말았다.

야생화는 곧 자연이다. 자연에 대한 생각이 많이 바뀌어가고 있는 이즈막에 야생화를 대하는 태도도 분명 달라져야 한다. 죽을지 살지도 모를 야생화를 예쁘다는 이유만으로 캐어오는 것보다 야생화 전문점에서 구해다 키우는 것이 훨씬 더 합리적이라는 얘기다.

2 야생화가 좋은 세 가지 이유

　　　　　　　　　　야생화를 좋아하는 이유는 사람마다 다 다르겠지만 몇 가지 공통점이 있다. 첫째가 야생화의 질긴 생명력이다. 일부러 죽이지만 않는다면 어떻게 해서든지 살아남으려 애를 쓰는 강인한 생명력이 야생화에게는 있다.

　필자가 야생화 전문점을 하고 있는 까닭에 종종 손님들의 문의를 받곤 하는데 목동에 사는 최모씨 이야기다.

　앙증맞게 꽃이 피는 야생화를 멋모르고 샀었다. 꽃이 피어 있을 때는 그 아름다움에 곁에 두고 보았지만 꽃이 지자 그만 실증이 나 관심 밖에 나뒹굴던 그것을 화분에서 뽑아 아파트 화단 구석에 버렸다. 그리고는 그 존재를 까맣게 잊고 있었다.

　몇 달이 지난 어느 가을이었다. 일찍 퇴근을 해 집으로 올라가던 길에 화단가에서 서너 명의 아이들이 둘러앉아 야단을 떨고 있었다. 궁금하기도 하고 그렇게 노는 아이들이 귀여워 아이들 시선이 머무는 쪽을 내려다보고는 이내 가슴이 뭉클해졌다.

구절초의 질긴 생명력

거기에는 자신이 일전에 버렸던 야생화가 내동댕이쳐질 때 부서졌던 흙을 이불 삼아 뿌리를 내리고 살아나 꽃을 피우고 있었던 것이다.

아이들은 자기네들이 아는 꽃 이름을 죄다 들먹이며 놀고 있었다.

그녀의 목소리가 떨렸다.

"애들아! 이 꽃은 '구절초' 란다."

삽과 화분을 가지러가는 최씨의 발걸음이 빠르게 움직였다.

야생화가 좋은 두번째 이유는 소담스럽게 피는 꽃이다. 그 소담스러움 때문에 좀처럼 실증이 나질 않는다. 물론 실증이 날 만할 때면 이미 꽃이 진 다음이겠지만 한 번, 두 번, 가까이서 찬찬히 들여다볼 때 비로소 야생화의 매력을 느낀다는 사람들이 많다.

세번째 이유는 집에서 기르는 야생화 한 포기에서도 자연을 느낄 수 있다는 것이다. 봄이면 파릇파릇한 새싹이 돋고, 이어 꽃을 피우고 잎이 무성해지다가 가을이 되면 씨를 맺고, 다음 세대에게 새 봄을 물려주는 모습에서 자연의 법칙을 배울 수 있다.

굳이 이런 이유가 아니더라도 야생화를 싫어할 사람은 없다. 그것은 남녀노소를 가리지 않는다. 나이가 지긋한 사람은 야생화 한 포기에서 지난 추억을 찾을 것이고, 아이들의 경우에는 생명의 신비를 찾을 것이다.

이런 맥락에서 야생화는 사람들에게 어떤 식으로든 영향을 미친다.

그 첫번째로 내가 변한다. 집에 보살펴야 할 꽃이 있으면 아무래도 장시간 집을 비우지 못한다. 겨울철은 그래도 나은 편이지만, 물이 금새 마르는 여름철 같으면 귀가를 서둘지 않을 수 없다. 또 술값이나 군것질로 나가는 돈이 아까워진다는 사람도 있다. '그 돈으로 야생화를 사면…' 하고 생각하는 사람들이 무척 많다는 것이다.

부부의 연을 이어준 야생화

은평구에 사는 한 초등학교 여교사의 이야기다. 그녀는 야생화의 매력에 푹 빠진 사람이다. 꽃 이름도 모르던 때가 엊그제 같은데 지금은 전문가 뺨치는 실력으로 야생화를 키우고 있다. 하나 둘 모아 기른 야생화가 어느새 공간을 메워, 둘 공간이 부족해지자 야생화를 기를 수 있는 넓찍한 공간이 있는 집으로 이사를 할 만큼 야생화 마니아다.

그런 그녀에게 잊지 못할 사건 하나가 있다.

남편이 그녀 몰래 증권 투자를 하다가 그만 큰 손해를 보았다. 당연 부부싸움이 잦아졌고, 극한 대립으로까지 전개되었지만, '야생화 때문에' 지금은 별탈 없이 화목한 가정을 꾸리고 있다.

나중에 그녀가 털어놓은 이야기 한 토막.

"이 사람만큼 야생화를 기르는 자신을 이해해줄 만한 남자를 만날 자신이 없어 꾹 참았다"고.

두번째로 야생화를 기르는 부모들 밑에서 자란 아이들은 어딘가 다르다. 생명의 존엄성과 자연을 대하는 태도가, 그렇지 않은 집 아이들과는 아무래도 차이가 있다. 풀 한 포기도 쉽게 지나치지 않고 그런 것들을 볼 때마다 부모를 떠올린다는 것이다.

요즘은 어지간한 식물원에서도 야생화 코너를 마련해 관람객들을 받고 있다. 그곳으로 소풍을 간 아이들이, 그곳에서 판매하는 야생화 한 포기를 엄마 선물로 사오는 모습이나, 엄마 생일선물로 야생화를 고르러 가게를

야생화를 기르는 부모들 밑에서 자란 아이들은 풀 한 포기도 쉽게 지나치지 않는다.

들르는 남매를 볼 때면 남다른 생각이 들 때가 많다.

그런 아이들은, 야생화를 기르는 부모가 친구들에게 자랑이 아닐 수 없겠고, 굳이 인성 발달이니 하는 말을 예로 들지 않더라도 야생화 기르기만으로도 참교육이 될 수 있음을 느끼게 되는 것이다. 때문에 야생화 기르기가 일시적인 유행이 아니라 키워서 물려주는 유산이 되었으면 하는 생각을 자주 해보게 된다.

세번째로 야생화가 많은 집에는 사람들이 자주 찾아온다. 부러워서 찾아온다. 자연 대인관계가 원만해지고 좋은 친구들을 사귈 수 있다. 사람들이 찾아올 때마다 드는 접대비(?)가 문제겠지만 사람 많이 들끓는 집치고 흥하지 않는 집이 없다. 사람들은 나비처럼 꽃이 있는 집으로 몰리기 마련이다. 특히 아파트에 사는 사람들이 더 극성스럽다.

3 우리 집에서 잘 자라는 야생화, 어떤 것이 있을까

야생화가 아무리 아름다워도 모든 야생화를 집에서 기를 수는 없다. 드넓은 산야에서 충분한 햇빛과 바람을 받고 자란 야생화를 환경이 불리할 수밖에 없는 집에서 기르기 위해서는 아무래도 어떤 기준이 있어야 한다. 이를테면 기르기 쉽고, 구하기 쉽고, 몸집이 작고, 계절 감각을 느낄 수 있는 것 등을 꼽을 수 있겠다.

하지만 이런 기준으로 야생화를 기른다 해도 집집마다, 사람마다 모두 적용되는 것은 아니다. 게으른 사람, 부지런한 사람, 해가 잘 들어오는 집, 그렇지 못한 집, 건조한 집, 통풍이 안 되는 집, 마당이 있는 집, 그늘진 아파트 베란다 등 기르는 장소가 다양하기 때문이다.

때문에 우리 집에서 잘 자라는 야생화는 단연 우리 집 환경에 맞아야 한다. 처음으로 야생화를 기르는 사람은 특히 그렇다. 처음의 성패가 야생화 기르기를 가름하기 때문이다.

성공적으로 기르기 위한 첫걸음

야생화를 성공적으로 길러내기 위해서는 각각의 야생화가 분포한 지역의 환경적 특성과 생태적인 특성을 이해하는 것이 중요하다.

우리나라는 남쪽 마라도에서 북쪽 온성까지 남북으로 1천 100킬로 정도 길게 뻗어 있고, 해발 0미터 정도의 해안 지대에서부터 2천 700미터를 넘는 고산지대에 이르기까지 다양하다. 거기에다 국토의 70퍼센트 이상이 산지이기 때문에 지형 변화도 심하고, 토양, 강우량 등 자연 환경의 변화도 다양하다. 따라서 환경에 적응하며 서식하고 있는 식물의 종도 다양하고 각 식물마다 독특한 생육 조건이 있다. 예로 가솔송이나 월귤은 고산 지대에서 서식하고 있는데, 자생지에서는 산지의 풀밭이나 숲속에서 눈에 띈다. 자생지의 기온은 평균 약 -5~25도 정도 안팎이고, 연평균 기온은 약 15도 전후로 다른 자생식물들에 비해 생장 온도가 낮은 편이다.

따라서 가솔송이나 월귤을 재배하는 데는 여름철의 고온 다습한 조건이 장해가 된다는 것을 알 수 있다. 만약 가정에서 가솔송이나 월귤을 기르려면 여기에 맞는 적절한 환경 관리가 필요하다는 얘기다. 중 · 북부의 이상의 높은 산에서 자생하는 설앵초도 마찬가지다. 가련해보일 정도로 작고 앙증맞은 설앵초는 청색, 핑크색, 흰색 등의 꽃을 피우는데, 역시 고산에서 자라는 식물이어서 더위를 싫어한다. 그러므로 집에서 키울 때는 서늘한 곳에서 관리를 해줘야 한다. 너무 따뜻하면 웃자라버리기 때문이다.

설앵초나 월귤 같은 고산 식물은 강한 바람과 추위를 겪으며

월귤

꽃을 피우기 때문에 산을 내려와서도 추위를 겪지 않으면 꽃을 잘 피우지 않는다. 그러므로 얼음이 얼 정도의 추위를 1주일쯤 겪게 하고 해가 잘 드는 따뜻한 실내에 두면 이른봄부터 꽃을 피운다. 여름 장마철에도 약하므로 비를 피하도록 하고, 뿌리에는 독성이 있으므로 상처가 있는 맨손으로는 만지지 않도록 한다.

또 한라산의 해발 1천 700～2천 미터 사이의 정상 부근에서 주로 자라는 한라돌창포는 공중습도가 적당히 유지되는 메마르고 건조한 바위 등에 붙어서 산다. 이름에 '돌(부정의 뜻)'이 붙은 것은 창포(천남성과)와는 전혀 다른 백합과 식물이라는 뜻이다.

키가 6～8센티 정도로 작고 그 수가 많지 않아 환경부지정보호식물(식-13)이다. 때문에 산채는 절대 금물이다. 간혹 시중에서 일반인들은 엄두도 못낼 정도로 비싼 산채 한라돌창포가 나오는 경우가 있으나 이는 불법이다.

더군다나 고산식물이기 때문에 저해발 지대에서는 재배가 상당히 난해해 초보자에게는 무리이다. 한라돌창포를 키우고 싶다면 개량 증식된 한라꽃창포가 있으므로 작은 화분에 심어 초물분재로 감상해도 좋고 소형의 목부작이나 석부작으로 만들어도 좋다. 자생지에서는 강한 광선 하에서 자라지만 중부 지방에서는 반 그늘지고, 물 빠짐이 좋은 마사질 토양에서 재배하는 것이 좋다.

갯바람을 먹고 자란 섬초롱, 서울내기가 되려면

자생지가 바닷가인 꽃들은 어떨까. 울릉도 등지에서 자라는 섬초롱꽃은 적절히 불어오는 해풍의 짠맛을 보고 자라기 때문에 공기 중에 염분이 없는 서울에서는 살지 못한다. 따라서 서울내기로 키우려면 몇 세대의 종자 개량을 거쳐야만 가능하다.

남쪽 바닷가의 모래 땅이나 바위 틈에서 자라는 갯까치수염도 마찬가

한라돌창포

지다. 야생화 이름에 '갯' 자가 들어간 종은 대개 바닷가나 그 근처에서 자란다. 갯까치수염도 그런 경우이다. 따뜻한 남부 지방에서 자라기 때문에, 10도 이상에서 월동을 하므로 서울로 데려왔다가는 겨울에 얼어죽기 십상이고, 공기 중에 염분이 없어 제대로 생장하지 못한다.

또 산 속 나무 밑에서 자라는 나비난초는 습한 것을 좋아하고 강한 햇살을 싫어한다. 따라서 집에서 기를 때는 반 그늘에서 주변 습도를 75퍼센트 이상 높여 자생지의 환경과 비슷하게 만들어주면 아무렇게나 기를 때에 비해 훨씬 더 잘 자란다.

이처럼 집에서 야생화를 기르고자 할 때에는 주변 환경과 생태적인 특성을 먼저 이해하는 것이 성공적으로 기르기 위한 첫걸음이다.

다음에 소개한 야생화들은 우리의 토종이면서 이미 원예종으로 개발돼 주변에서 쉽게 볼 수 있고, 또 씨를 받아다 집에서도 얼마든지 키울 수 있는 것, 그리고 비교적 가격대가 저렴하고 관상 가치가 있는 것들을 모았다.

우리 집에서 잘 자라는 야생화

소박한 **봄** 의 향기

春

복수초

계곡 근처나 산 중턱에서 잔설을 뚫고 피는 꽃으로 우리나라 야생화 중에서 가장 먼저 피는 꽃 중의 하나다. 숙근성 여러해살이풀이며, 경기도·제주도·평안북도·함경도·충청도 등지에서 자생하고 있다.

복수초는 꽃이 일찍 피는 대신 발육이 일시 정지하는 휴면기도 빨라 9~10월쯤이면 위 부분이 마르면서 겨울잠에 들어간다. 때문에 꽃이 피는 동안은 사랑을 받지만, 꽃이 지고 난 후부터는 천덕꾸러기 신세를 면치 못하는 꽃 중 하나다. 다음해 봄, 꽃이 필 때까지 흙 속 뿌리를 애지중지 키울 사람이 그리 많지 않기 때문이다. 차라리 내다버리고 내년 봄, 꽃이 필 때쯤에 다시 하나 사다 심는 게 낫다는 생각에서다. 이런 수요자 때문에 산에서 복수초를 채취하는 사람들이 있는 것이다.

자연 생태계에 대한 인식이 달라지고 있는 요즘 농장에서 대량으로 재배한 복수초를 나누어주던데…? 하고 반문하는 사람이 있을지도 모르겠다. 하지만 복수초의 경우에는 우리나라 농장에서는 배양 증식을 거의 하지 않는다. 왜냐하면 씨를 받아다 꽃을 피우는 데만 약 5~7년이나 걸려 채산성이 없기 때문이다. 그래서 산채한 복수초를 일 년쯤 농장에서 기른 후 내다 파는 게 일반적인 추세다. 이런 사정을 뻔히 알면서도 꼭 한 번 키워보고 싶은 꽃이 복수초다.

꽃을 보면 복이 들어온다는 속설 때문이 아니라 꽃 때문이다. 줄기 끝에서 하나씩 황색으로 피는 꽃을 찬찬히 들여다보면 황홀감이 느껴질 정도인데, 해가 나면 꽃이 벌어졌다가 해가 지면 오므라든다. 하지만 밝은 조명을 비춰주면 낮인 줄 알고 다시 꽃을 피우기도 한다.

전문점에서 고를 때는 이제 막 피기 시작한 것이나 앞으로 필 것을 골라야 하는데, 쉽지 않다. 분명 꽃봉오리에서 꽃이 필 것 같아 보였는데 집으로 돌아와 화분에 심어놓으면 말라버리는 경우가 있다. 때문에 가장 꽃을 오래 볼 수 있는 것으로 물어보고 골라야 한다. 시원한 반 그늘에서, 물 관리는 보통으로 한다.

노루귀

절기상으로는 봄이라고 하지만, 아직 겨울의 잔설이 남아 있는 산비탈에서 안간힘을 다해 봄 기지개를 켜는 노루귀는 복수초와 함께 우리나라에서 가장 이른봄(2~3월)에 피는 꽃 중 하나다. 노루귀 역시 잎보다 꽃대를 먼저 올리는데, 잎이 나올 때 말려서 나오는 모습이 보송보송한 솜털이 난 노루의 귀처럼 생겼다 해서 붙여진 이름이다.

미나리아재비과이며 남해안 및 제주도를 제외한 전국, 해가 잘 드는 산비탈 낙엽수림 아래의 비옥한 토양에서 주로 핀다. 요즘에는 그 수가 많이 줄어 어지간한 곳에서는 쉽게 찾아볼 수 없는 꽃이 되고 말았지만, 그래도 가끔 산을 오르다보면 눈을 녹이며 꽃을 피우는 노루귀를 만날 수 있다. 산이 미처 옷을 입기 전에 피는 꽃이어서 유독 눈에 띄고, 그래서 더욱 반가운 꽃이다.

솜방망이

국화과이며, 잎과 방망이처럼 긴 꽃대에 솜털이 많이 있다 하여 솜방망이라고 부른다. 우리나라 어디서나 볼 수 있는 이 꽃은 지역에 따라 생육 형태가 다르게 나타나기도 한다. 제주도에서 자란 것은 키가 작고 잎이 넓고 큰 데 비해 서울이나 내륙 지방에서 자란 것은 잎이 좁고 작으며 키가 크게 자라는 것이 특징이다. 초보자가 보면 서로 다른 종처럼 보이기도 하나 모두 같은 종이다. 숙근성 다년초로 줄기는 곧게 뻗으며, 5~6월에 꽃을 피우고 30~60센티 정도로 자란다. 농장에서 배양 증식돼 시중에도 가끔 나오지만 여느 꽃에 비해 인기가 별로 없다.

봄맞이꽃

봄에 둥글고 작은 잎과 가늘고 긴 꽃대에서 자잘한 흰 꽃이 앙증맞게 핀다고 해서 봄맞이란 이름이 붙여진 것 같다. 섬 지방을 제외한 전국의 길가나 밭둑, 숲 주변에서 자라는 한해살이풀이며, 앵초과다. 주로 햇빛이 잘 들고 기름진 토양에서 자라며, 4～5월에 꽃을 피운다. 냉이나 꽃다지 등과 함께 심으면 관상 가치가 뛰어나다.

우 리 · 집 에 서 · 잘 · 자 라 는 · 야 생 화

자란

남해안 및 섬 지방의 해안 또는 야산의 햇볕이 잘 들고 척박한 곳에서 자란다. 여러해살이풀로 키는 50센티 내외로 자라며, 3～4월에 꽃을 피운다. 줄기는 곧게 서는데, 잎은 넓은 타원형으로 가장자리에 거친 톱니가 있으며 마주 난다. 꽃잎은 입술 모양으로 위는 2갈래, 아래는 3갈래로 갈라져 있다. 자란은 난과 식물 가운데 기르기가 가장 쉬운 종이 아닐까 싶다. 때문에 화분 재배는 물론 정원이나 땅을 덮어주는 지피식물로 인기가 높다. 도심 아파트 베란다에서 키울 경우에는 자생지의 환경 조건을 고려해 적절한 습도 관리가 요구된다.

현호색

남부 지방에서는 2월 하순경부터 꽃이 피기 시작하여 중부 지방, 북부 지방으로 올라오면서 3월에서 5월까지 꽃이 핀다. 대개 습기가 있는 산 속에서 20센티 정도까지 자라는 양귀비과의 여러해살이풀인데, 여러 가지 종류의 현호색이 모여서 자라며 길이 2.5센티 정도 되는 연한 홍자색 꽃을 피운다. 대부분 청색 계통의 꽃으로 자세히 살펴보면 조금씩 색깔이 다르다는 것을 알 수 있다. 우리 나라에서 자라고 있는 현호색의 종류에는 들현호색, 댓잎현호색, 빗살현호색, 애기현호색, 섬현호색, 좀현호색, 산현호색 등이 있다. 배양종은 구하기 힘들고 가끔 산채품이 시중에 나오기도 한다.

은방울꽃

북부 및 중부 지방의 산과 들에서 흔히 볼 수 있는 백합과의 여러해살이풀이다. 은방울꽃이 잘 자라는 지역은 높은 산 정상 부근이나 낮은 지역이라도 바람이 사방으로 통하는 곳이면 군집하여 자란다. 4~5월에 잎줄기 사이에서 흰색 꽃이, 한 포기에서 열 송이 정도 핀다. 향기가 좋아 향수화라고도 한다. 한방에서는 영란이라 하여 강심제 및 이뇨제 등으로 쓰이고 있다. 그리스 신화에 나오는 이야기에는 용감하게 싸우다 죽은 용사의 핏자국에서 은방울꽃이 피었다고 한다. 시중에는 원예종으로 은방울꽃이 많이 나오고 있다. 높지 않은 분에 여러 개를 모아 심어 기르면 좋다. 반 그늘에서, 물 관리는 보통으로 한다.

얼레지

잎에 어루러기 같은 핏빛 무늬가 있다 하여 얼레지라고 부른다. 백합과의 여러해살이풀이다. 우리나라에는 제주도와 섬 지방을 제외한 전국의 숲속 그늘에서 자생한다. 얼레지는 원래 낮은 산에서도 잘 자랐지만 멧돼지가 뿌리를 모두 캐어 먹는 바람에 생존을 위한 자구책으로 높되, 토양이 좋은 산으로 옮겨가 뿌리를 깊이 내리고 살게 되었다고 한다. 꽃은 이른봄(3~4월)에 꽃대가 25센티 정도 길게 나와 그 끝에 6장의 꽃잎이 뒤로 젖혀져서 자주색 꽃을 핀다. 마당에 심을 때는 물이 잘 빠지고, 비옥한 흙으로 바꾼 다음에 심도록 하고, 화분에다 기를 때는 밭 흙과 부엽, 마사토를 4 : 4 : 2의 비율로 혼합하여 사용한다. 오전 햇살이 들어오는 반그늘에서, 물 관리는 보통으로 한다.

흰젖제비꽃

전국의 논두렁 또는 밭둑이나 햇볕이 잘 드는 들판에서 자란다. 원줄기가 없고 잎은 긴 삼각형 또는 긴 타원형이다. 잎 가장자리에 뾰족한 톱니가 있고 잎자루에 날개가 없다. 꽃은 4~5월에 흰색으로 핀다. 꽃 색깔이 희기 때문에 이와 같은 이름이 붙여졌다. 그 수가 매우 드물므로 채취를 해서는 안 된다. 한번 꽃이 피면 계속 피기 때문에 수시로 채종하여 파종하면 번식이 가능하다. 토양은 특별히 가리지 않아 척박한 토양에서도 잘 자란다.

매발톱꽃

매발톱꽃

전국의 개울가나 풀밭, 논둑 가장자리 등 양지바른 곳에서 자라는 미나리아재비과의 여러해살이풀이다. 전세계에 약 70종이 있는데 그중 우리나라에만 자생하는 것은 하늘매발톱을 비롯해 3종이 있다. 하지만 요즘은 개량종이 더 많이 나와 있다. 높이 50~100센티까지 곧게 자라는 다년생 숙근초로 자생지에서 꽃이 피는 시기는 6~7월이지만, 보통 시중에는 4월 말경부터 꽃을 볼 수 있다. 번식은 씨로 하며, 매발톱꽃 하나에서 30~50개 정도의 까만 씨가 열린다. 부식질이 많고 물 빠짐이 좋은 토양에서 잘 자라고, 양지나 반 그늘에서도 잘 자란다. 노지에서 겨울을 나며 16~30도에서 잘 자란다. 건조에도 잘 견디지만 물 관리는 수시로 해주어야 한다.

설앵초

중·북부 이상의 높은 산에서 자생한다. 가련해보일 정도로 작고 앙증맞은 꽃이 청색, 분홍색, 흰색 등으로 핀다. 고산에서 자라는 식물이어서 더위를 싫어한다. 꽃을 더 일찍 보려면 얼음이 얼 정도의 추위를 1주일쯤 겪게 하고 해가 잘 드는 따뜻한 실내에 두면 이른봄부터 꽃을 볼 수 있다.

할미꽃

할미꽃처럼 우리에게 친숙한 풀도 없다. 중부 지방의 약간 건조하고 척박한 야산의 양지바른 곳, 또는 남쪽을 바라보고 있는 묘 등성이에서 흔히 자란다. 미나리아재비과이다.

4~5월에 높이 30센티 정도의 줄기와 잎, 꽃잎 안쪽을 제외한 모든 곳에 흰털을 듬뿍 뒤집어쓴 꽃대와 잎이 땅 속에서 나와 한쪽으로 기울어지며 꽃이 핀다. 꽃이 핀 후 약 한 달 후면 꽃잎이 떨어진 자리에서 종자가 맺을 때 흰털로 덮인 열매가 은빛 날개처럼 아래로 축 늘어진다. 며칠이 지나면 이 날개가 마치 백발의 할아버지가 머리칼을 풀어 헤친 모양처럼 둥글게 부푼다. 이 때문에 백두옹(白頭翁)이라 부르기도 한다. 다시 며칠이 지나면 이 날개들은 까만 씨앗을 하나씩 달고 바람에 날아가 양지바른 곳에 떨어져 싹을 틔운다.

할미꽃에 얽힌 슬픈 전설이 있다. 옛날에 손녀와 할머니가 가난하게 살았다. 어느날 할머니는 먹을 것을 조르는 손녀를 위해 산딸기를 따러 산에 갔다가 허기가 져 산을 다 내려오지 못하고 그만 죽어버렸다. 죽은 할머니 손에는 산딸기 몇 알이 쥐어져 있었다. 이듬해 봄, 뒷동산 양지바른 할머니의 무덤가에는 이름 모를 풀 한 포기가 마치 할머니의 허리같이 땅으로 굽은 꽃을 피웠다. 이때부터 사람들은 할머니가 죽어 꽃이 되었다고 믿고, 이 꽃을 할미꽃이라 불렀다.

현재 시중에는 산채품은 거의 없고 개량종이 유통되고 있으나 무덤가에서 피는 꽃이라 해서 꺼리는 경향이 있다.

앵초

대표적인 봄꽃 중 하나다. 섬 지방을 제외한 전국 들판, 계곡 주변 습지에 자라는 풀로 모양이나 꽃 색깔이 고와 예로부터 관상초로 사랑받아온 풀이다. 잎은 모두 뿌리에서 모여나며 잎자루가 길고 가장자리가 얕게 갈라져 이 모양 같은 톱니가 있다. 4~5월경에 진한 분홍색 꽃이 핀다.

깽깽이풀

대개 깊은 산 속에서 피므로 그다지 쉽게 발견할 수 없는 풀이다. 매자나무과의 여러해살이풀인 깽깽이가 있는 곳에는 반드시 개미 같은 곤충들이 떼지어 산다. 삼지구엽초같이 종자에 당분을 지닌 밀선(蜜腺)이 있어 개미 같은 곤충들이 좋아하기 때문이다.

봄에 꽃을 피우고 가을에 잎이 지는 여느 꽃들과는 달리 7월경이면 벌써 잎이 떨어지고 휴면기에 들어간다.

가을, 겨울 동안을 뿌리로만 살다가 이른봄(3~4월)에 꽃을 피우는데, 다른 꽃들보다 일찍 잠이 드는 대신 일찍 일어나 꽃을 피우는 셈이다. 이른봄에 지름 2센티 정도의 담자홍색 꽃이 피며, 잎보다 먼저 줄기가 한두 개 나오고 그 끝에 꽃이 한 개씩 달린다. 뿌리는 약용으로 쓰이며, 환경부 보호식물 0순위이다.

개불알꽃

제주도와 경상북도 울릉도를 제외한 해발 1천 미터 내외의 높은 산 정상 부근이나 골짜기, 숲속에서 자란다. 복주머니난초라고도 부르는 난초과의 여러해살이풀이다. 환경부에선 멸종 위기식물로 분류해놓고 보호를 하고 있다. 따라서 함부로 채취를 해서는 안 된다. 농장에서 배양 증식한 꽃이 가끔 나오므로 그런 묘를 사다가 키우는 게 바람직하다. 노지 재배의 경우에는 거름기가 풍부하고 습기가 충분하며, 부드럽고 통기성이 좋은 흙에다 심어야 한다. 또 바람이 잘 통하며 햇빛이 약 70퍼센트 정도 차단되는 곳이 좋다. 화분에 심어 기를 경우에는 오전 햇살이 적당히 드는 곳이 좋다.

우 리 · 집 에 서 · 잘 · 자 라 는 · 야 생 화

좀씀바귀

중부 이남 지역의 산 능선이나 숲 가장자리에 조밀하게 생육하며 주로 메마르고 척박한 토양에서 자란다.
5~6월에 꽃이 피고, 땅 속의 뿌리줄기가 갈라져 옆으로 뻗으며 번식한다. 전체적으로 식물체가 작아 '좀'이라는 접두어가 붙었다. 국화과이다. 햇빛을 좋아하는 식물이지만 반 그늘에서도 재배가 가능하다. 토양은 특별히 가리지 않으나 물 빠짐이 좋은 사질 토양에서 재배하는 것이 좋다.

애기똥풀

잎이나 줄기를 꺾으면 노란 유액이 나오는데, 이것이 애기의 똥과 같다 해서 이런 이름이 붙여졌다. 양귀비과의 두해살이 유독성 식물로 함부로 먹어선 안 된다. 만주 지방의 낮은 지대부터 두만강 변 초원지, 백두산 줄기 낮은 지대에서 흔히 볼 수 있는 풀이다. 대개는 인가 부근의 양지바른 언덕이나 구릉지에서 높이 50~80센티 정도까지 자라고 한군데서 여러 포기가 모여 자란다. 줄기에는 유난히 털이 많고 꽃이 핀 후 며칠이 지나면 암술대가 꽃잎 밖으로 길게 나오면서 곧 열매가 된다. 이들은 계속해서 6월까지 꽃을 피우는데, 화분에다 기르기에는 덩치가 커 이름에 비해 별 인기는 없다.

새우난

서해안 일부 지역과, 남해안을 포함한 제주도 도서 지방 등에 자생하는 여러해살이 난과 식물이다. 새우난과 비슷한 종으로는 금새우난, 한라새우난, 여름새우난 등이 있는데 금새우난은 노란색의 꽃이 피며 향기가 진하고, 한라새우난은 완도 지방과 제주도에 자생하며 꽃이 무척 화려하다. 알줄기가 새우등처럼 생겼다 하여 새우난이라 한다.

4~5월에 꽃을 피우는 새우난의 꽃 빛깔은 난과 식물 중에서 제일 다양하게 나타나는데 갈색을 기본색으로 하여 꽃색이 혼합된 중간색들이 대단히 많다. 녹색에서 청록색이 빠지면 황색, 갈색에서 녹색이 빠지면 홍색, 또한 홍색과 황색, 녹색이 진하게 되면 검은색에 가까운 꽃색이 나타나기도 한다. 혀(舌)는 흰색이 보통이지만 아주 가끔 홍색이 들어 있어서 새우난의 멋을 한층 돋보이게 한다. 습기에 의해 잎이 쉽게 상하거나 새 촉이 뭉그러지는 경우가 많으므로 과습은 반드시 피해야 한다.

금새우난

족도리풀

전국 산야의 숲속 음지에서 자라는 쥐방울과의 여러해살이풀로 유독성식물이다. 꽃 모양이 색시가 시집갈 때 머리에 썼던 족두리와 비슷하다 하여 족도리풀이란 이름이 붙여졌다.

높이 20~30센티 정도로 자라고, 뿌리줄기는 마디가 많은 육질이며 매운 맛이 있다. 4~5월에 담홍자색 꽃이 피는데 지름 1~1.5센티 정도로 검은 빛이 난다. 족도리풀과 같은 속인 민족도리풀은 전국의 음습한 산에서 높이 15센티로 자란다.

금낭화

남부 지방과 중부 지방의 산 바위틈에서 많이 자라는 양귀비과의 여러해살이풀이다. 4~6월에 연한 붉은색의 꽃이 활처럼 구부러지면서 주렁주렁 매달리듯 핀다. 화분이나 화단에 심으면 훌륭한 관상초가 되어 봄부터 여름까지 특이한 꽃을 볼 수 있다. 전라도 지방에서는 이 꽃을 설날에 세뱃돈을 받아 넣어 두는 복주머니처럼 생겼다 하여 며느리주머니, 금낭화 또는 며늘취라 부르기도 하는데, 간혹 며느리밥풀꽃과 같은 것으로 취급하는 이도 있으나 며느리밥풀꽃은 반기생식물로 현삼과의 한해살이풀이다. 큰산며느리밥풀꽃, 원산며느리밥풀꽃, 새며느리밥풀꽃, 백두산며느리밥풀꽃, 들꽃며느리밥풀꽃, 애기며느리밥풀꽃, 큰애기며느리밥풀꽃 등이 있다.

삼지구엽초

삼지구엽초

숲속 나무 그늘이나 바위 틈에서 잘 자라며 줄기의 가지가 세 개로 갈라져 있고 그 가지 끝에 잎이 각각 세 개씩 달려 잎은 모두 아홉 개가 된다. 이렇게 가지가 셋, 잎이 아홉 개라 하여 삼지구엽초(三枝九葉草)라 부른다. 매자나무과다.

음양곽이라는 이름으로 한약의 원료로 이용되

는 이 식물은 잎을 말려 물에 끓이면 커피 맛이 난다. 그래서 커피 대용으로 끓여 차로 마시기도 한다. 전세계에 약 20종이 있는데 우리나라에는 1종이 유일하게 자생한다. 높이는 15~30센티쯤 자라며 한 포기에서 여러 개의 줄기가 나와 곧게 자란다. 숙근성 다년초로 뿌리줄기는 옆으로 기어 나가고 울퉁불퉁 단단하고 수염뿌리가 많다.

삼지구엽초가 강장제로 쓰이게 된 배경에는 재미있는 전설이 있다.

옛날 중국의 어느 목장에 양치기 노인이 있었다. 노인은 어느날 한 마리의 숫양이 백 마리도 넘는 암양과 교미를 하는 것을 보고 그 숫양에 대해 관심을 갖고 유심히 살펴보았다.

그 숫양은 암양과 교미를 끝내고 힘이 빠지면 숲속으로 들어갔다가 나올 때는 다시 힘이 솟구쳐 암양과 교미를 계속 했다. 이것을 이상히 여긴 노인이 숫양의 뒤를 밟아 따라가 보았더니 숲속에서 정신 없이 어떤 풀을 먹어대더니 다시 힘을 내 암양과 또 교미를 하기 시작했다.

노인이 궁금증이 생겨 그 풀을 뜯어 먹어보았다. 그 후 노인은 숫양처럼 원기가 왕성해져 장가를 들어 아들까지 낳았다. 그 풀이 삼지구엽초였다. 소문이 퍼져 나가자 사람들이 삼지구엽초를 찾기 시작했고, 이때부터 삼지구엽초(음양곽)는 수난을 겪기 시작했다.

현재 배양종으로 나와 있는 것은 거의 없다. 가끔 산채한 것을 1~2년쯤 농장에서 묵힌 다음 시장에 내는데 그 수가 많지는 않다. 그래서인지 삼지구엽초가 어떻게 생겼는지 자세히 모르는 사람들이 삼지구엽초와 비슷하게 생긴 연잎꿩의다리를 삼지구엽초로 잘못알고 마구잡이로 산채를 하는 바람에 한때 문제가 되었던 적도 있다.

알록제비꽃

알록제비꽃은 잎 앞면에 얼룩반점이 있어 붙여진 이름이다. 제비꽃과이며, 제비꽃이란 이름은 잎 뒤가 툭 튀어나와 날렵한 제비를 연상시킨다고 해서 붙은 이름이다. 오랑캐가 쳐들어왔을 때 피었다고 해서 오랑캐꽃이라고도 부른다. 전국의 산과 들에 비교적 햇빛이 잘 드는 양지의 비옥하고 보습성이 좋은 토양에서 자라며, 4~5월에 꽃을 피우는 여러해살이풀이다. 반 그늘에서 재배하며 보습성과 배수성이 적절한 사질양토에 부엽을 충분히 혼합하여 재배 용토를 조제한다. 이외에도 노랑제비꽃, 삼색제비꽃이 개량종으로 시중에 나와 있다.

우 리 • 집 에 서 • 잘 • 자 라 는 • 야 생 화

천남성

산들이 봄옷을 입고 그늘을 만들어갈 때쯤 숲속 촉촉한 곳에서 무뚝뚝한 모습으로 자신의 존재를 알리는 꽃이 천남성이다. 4월 초순경이면 땅에서 죽순처럼 생긴 뾰족한 순이 꽃대를 감싸고 나오다가 잎을 펼치면서 꽃대를 세운다. 천남성과이다. 습기를 좋아해 음습한 곳에서 높이 15~50센티 정도로 자란다. 땅 속의 알줄기는 편평한 구형으로 밤알만하다. 늦가을이 되면 꽃자루에서 옥수수자루 같은 열매를 빨갛게 맺는다. 요즘에는 많이 배양 증식해 야생화 전문점 등에 가면 여러 종류를 구경할 수 있다. 그늘에서 자라는 반음지식물이어서 해가 덜 드는 집에서도 한 번쯤 키워볼 만한 꽃이다.

우리 집에서 잘 자라는 야생화

무더운 **여름**의 열정

夏

수련

수련과의 여러해살이 수초로 뿌리줄기가 굵고 짧으며 밑 부분에 많은 뿌리가 나온다. 뿌리줄기는 물 밑바닥에다 두고, 잎은 달걀 모양이며 뿌리에서 무더기로 나서 물 위에 뜬다. 수위가 높아지면 잎을 물 위로 띄우기 위해 줄기를 길게 뻗어 올린다. 줄기가 2미터가 넘는 것도 있다.

7~8월에 가느다란 꽃줄기가 올라와 그 끝에 지름 5센티의 흰색 꽃이 피고, 밤이 되면 오므라든다. 이처럼 수면운동(睡眠運動 : 식물의 잎·꽃이 밤이 되면 오므라들거나 아래로 처지는 운동)을 하는 꽃 같다고 해서 수련(睡蓮)이라 부른다. 꽃은 3일 동안 계속 피고 진다. 햇볕이 없으면 오므라들고 햇볕이 강한 한낮에는 활짝 핀다. 그래서 미시(오후 2~3시)에 꽃이 핀다 하여 미초(未草)라는 이름도 있으며 한낮에 핀다 하여 자오련(子午蓮)이란 이름도 있다. 개중에는 붉은색으로 피는 것도 있다.

수련의 80퍼센트 이상은 남부·중부 지방의 연못이나 늪에서 자생하고, 북쪽으로 올라갈수록 잎이 커지는 특징이 있다. 연못에서 자생하는 수련은 잎이 너무 커 관상용으로는 적합하지 않다. 시중에 유통되고 있는 연들은 대개 관상용으로 개량된 종이다. 한겨울에도 따뜻하게 해주고 햇빛을 많이 보여주면 일년 내내 꽃을 볼 수도 있다. 수련과에는 가시연, 각시수련, 개연꽃, 애기개구리연 등이 있다.

수련에 얽힌 그리스의 재미있는 설화가 있다. 옛날 그리스에 아름다운 수정 자매가 있었다. 이들이 결혼할 나이가 되자 큰언니는 물의 신이 되겠다 하고, 둘째는 물을 떠나지 않으며 신의 규율을 따르겠다 하고, 셋째는 신과 어버이가 명하는 대로 따르겠다고 했다. 그러자 그녀들의 어머니는 큰딸은 바깥 바다[外海]를 지키는 신으로, 둘째 딸은 안쪽 바다[內海]를 지키는 신으로, 막내딸은 파도가 없는 샘물의 여신으로 만들었다. 그중 샘물의 여신이 된 셋째는 여름이 되면 아름다운 수련꽃으로 피어났다. 그래서 이 꽃을 물의 요정(water nymph)이라고도 한다.

하늘나리

대개의 나리류들이 꽃이 아래로 숙이고 피는 데 비하여 하늘을 바라보고 꽃이 핀다 하여 하늘나리라고 부른다. 꽃과 전체 모양이 아름답고 높이가 30~80센티 정도 자라는 인경을 가진 백합과의 알뿌리 다년초다. 꽃이 피는 시기는 6~7월로 줄기 상부에서 1~5개가 하늘을 바라보며 등황색으로 핀다. 꽃잎은 6개로 갈라지며 길이는 2~5센티로 도피침형이다. 꽃의 내면에는 자주색의 점무늬가 산재해 있다. 수술은 6개로 길이가 암술대와 같으며 꽃밥은 꽃잎 색과 같다. 인경은 구워먹거나 약용하며 꽃이 아름다워 화단에 심어 관상하거나 꽃꽂이 소재로 이용한다.

나비난초

난초과의 여러해살이다. 오전 중에 햇빛이 들고 습기가 적당히 있는 굵은 자갈밭이나 바위 틈에 자생한다. 높이는 약 15센티 정도로 자라고 땅 속에는 알뿌리가 생긴다. 잎은 2~3개 정도 나고 넓은 선형으로 끝이 뾰족하다. 6~7월에 밝은 자주색이 도는 분홍 꽃이 피는데 난과 식물 가운데 실생(實生) 번식이 상대적으로 용이한 식물이다. 성숙한 종자를 화분 주변에 뿌려주면 자연적으로 발아하는 경우가 많다. 특별히 토양은 가리지 않으나 굵은 마사에 부엽을 섞어서 사용하고, 땅 속의 습기 유지에 주의해야 한다.

땅채송화

울릉도와 제주도의 햇빛이 잘 들고 암반으로 이루어진 경사면 또는 바위 위에 약간의 토양이 있는 곳에서 자라는 돌나물과 식물이다. 6~7월경에 꽃을 피우는데, 건조에 대단히 강하고, 척박한 토양에서도 적응을 잘 하므로 적당하게 햇빛이 드는 곳이면 초보자도 초물분재로 쉽게 기를 수 있다. 배수가 잘 되는 사질토양에 기르는 것이 좋다. 여름철의 고온 다습한 조건에 약하므로 지하부의 배수와 통기성에 주의한다. 과다한 시비와 관수는 지하부를 썩게 만든다.

우리 · 집에서 · 잘 · 자라는 · 야생화

노루오줌풀

뿌리에서 노루오줌 냄새가 난다 하여 노루오줌이라고 부른다. 6~7월경에 줄기 끝에 흰색 또는 연분홍색 꽃이 핀다. 새로 난 싹은 나물로 먹고 벌레에 쏘인 데 이 식물을 찧어서 바르면 해독된다. 비옥한 점질양토와 부식질이 있는 토양에서 잘 자란다. 반 그늘에서 잘 자라는 범의귀과의 여러해살이풀로 노지에서 겨울을 나고 16~30도에서 잘 생육한다. 주로 산지의 습지나 냇가에서 자생하는 만큼 충분한 물을 요한다.

동자꽃

강원도 산골짜기 조그마한 암자에 스님과 어린 동자가 살고 있었다. 어느 겨울 스님은 식량을 구하러 마을로 내려갔다가 큰 눈이 내린 바람에 봄이 올 때까지 암자로 돌아오지 못했다. 그 사이 동자는 스님이 내려간 마을을 내려다보며 오기만을 기다리다가 그만 죽고 말았다. 이듬해 봄, 암자로 돌아온 스님은 죽은 동자를 발견하고, 그 자리에 곱게 묻어주었다. 여름이 되자 동자의 무덤에서는 붉은 색의 꽃들이 마을을 향해 피어나기 시작했고, 이때부터 사람들은 죽은 동자가 꽃으로 환생을 했다고 믿고 동자꽃이라고 부르게 되었다.

7~8월경에 꽃을 피우는 석주과 식물이다. 요즘에는 키를 작게 만든 개량종 우단동자꽃, 흰동자꽃, 제비동자꽃 등이 많이 나온다.

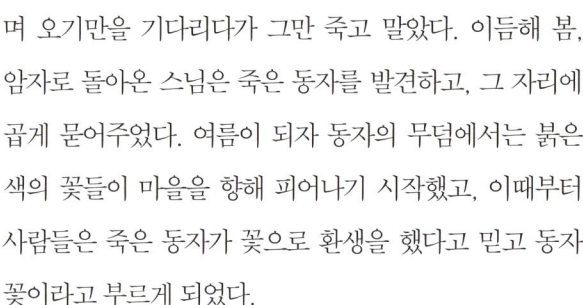

눈개승마

암꽃과 수꽃이 각기 다른 포기에 피는 성질을 갖고 있다. 높이 1미터 정도로 자라며 나무처럼 보이기는 하나 엄연히 숙근성의 풀이다. 7~8월경 줄기 꼭대기에 작은 미색 꽃이 뭉쳐 원뿔리 꽃차례를 이룬다. 수꽃이 암꽃보다 약간 크다. 한라산에서 자생하는 것은 한라개승마라 한다. 마사토에 부엽토를 섞은 흙으로 지름 20센티 정도의 깊은 분에 심어 가꾼다. 물은 과습 상태에 빠지지 않을 정도로 주고 양지바른 자리에서 가꾸면 키가 작아져 보기 좋아진다. 농장에서 배양 증식한 한라개승마가 많이 나온다.

술패랭이

꽃잎 끝이 술 모양으로 자잘하게 갈라져 있으며 자연 그대로의 야성적인 멋을 지니고 있다. 산이나 들에 나는 여러해살이풀로 꽃이 아름다워 관상용으로 재배되기도 한다. 일반적으로 분홍색 꽃을 피우며, 흰색 꽃이 피는 것은 흰술패랭이로 분류한다. 7~8월에 꽃을 볼 수 있다. 번식은 씨로 할 수 있으며 꺾꽂이나 포기나누기도 한다.

뻐꾹나리

우리나라 중·남부 지역의 숲속에 자라는 여러해살이풀로 7~8월에 엷은 자주색 꽃이 핀다. 꽃에 있는 반점이 뻐꾸기의 가슴에 있는 반점과 닮았다고 해서 이름이 붙여졌다. 시중에 나와 있는 것들은 대부분이 종자를 받아다 재배한 재배품종이며 원예품종은 극소수이다. 고온과 건조를 싫어하므로 여름에는 반 그늘에서 가꾼다. 화분은 지나친 건조를 막기 위해 겉에 유약을 칠해 구운 도자기 분을 이용한다. 한 달에 한 번 깻묵덩이비료를 준다. 충해는 진디, 잎진드기가 있으나 약제에 약하므로 온도가 높을 때는 약제 살포를 하지 않는다.

산수국

전국 산골짜기나 냇가 부근에서 자란다. 높이 1미터 미만의 작은 관목이다. 가지에는 잔털이 있고, 꽃은 가지 끝에 고른꽃차례(산방화서)로 핀다. 여름철 직사광선을 피해 기르는 것이 좋다. 용토는 물 빠짐은 좋되 보습성이 있게 마사토와 부엽토를 섞어 사용하는 것이 좋다.

패랭이꽃

 전국의 산과 들의 풀밭이나 길가 언덕 등에서 지나는 이의 발길에 채이며 피는 여러해살이풀이다. 패랭이처럼 질긴 생명력을 자랑하는 풀도 드물다. 꽃대가 연약한데도 여러 송이의 꽃이 피어 있는 모습이 여름의 풀밭에 작은 소녀가 얼굴을 붉히고 앉아 있는 것처럼 보인다.

 풀 전체에 분을 하얗게 바른 것처럼 분록색을 띠며 높이는 약 30센티 정도이다. 잎과 줄기의 마디가 대나무를 닮았다. 6~8월에 줄기 맨 끝에서 꽃이 핀다.

 꽃은 연한 붉은색이며 꽃술이 있는 부분에 흑자색 무늬가 있다. 이 풀은 유럽이 원산이며, 원예종으로 개량 재배되고 있는 것들은 꽃도 예쁘고 향기도 좋다. 종류만도 미국패랭이, 수염패랭이, 흰패랭이, 갯패랭이, 난쟁이패랭이, 장백패랭이, 술패랭이, 구름패랭이, 좀패랭이, 향기패랭이 등 수백 종이다.

기린초

 일본명을 그대로 번역하여 부르는 데서 기린초로 부르게 되었다. 건조한 곳에서도 잘 자라고 바위 표면이나 돌다리 밑에서 많이 자생한다. 전세계에 약 600여 종이 있으며 우리나라에는 16종이 자생한다. 높이가 5～30센티 정도 자라는 돌나물과의 다육식물로 좁은잎기린초와 비슷하지만 원줄기가 한군데서 많이 나오고 잎이 짧고 넓은 것이 다르다. 꽃 피는 시기는 6～7월로 줄기 끝에서 많은 꽃이 피며 충분한 햇빛을 요한다. 배수가 잘 되고 부식질이 많은 토양에서 잘 자란다. 노지에서 겨울을 나고 16～30도에서 잘 자란다. 보통으로 물 관리한다.

우 리 • 집 에 서 • 잘 • 자 라 는 • 야 생 화

인동

전국의 산과 들에서 흔히 자라는 덩굴나무로 겨울을 견뎌내는 인동과의 반상록 덩굴나무다. 김대중 대통령의 취임과 동시에 인기를 모았던 꽃이다.
보편적으로 숲 가장자리나 들의 구릉지, 초원 등에서 자라고, 길이는 3미터 정도이며 줄기는 오른쪽으로 감아 올라간다. 6～7월에 꽃이 한두 개씩 줄기와 잎자루 사이의 겨드랑이에 달린다. 각 마디에서 두 송이씩 꽃을 피우며, 이때 먼저 흰 꽃으로 피어났던 꽃은 시간이 지나면서 점차 노란색으로 변한다. 요즘에는 배양 증식한 붉은인동이 많이 나온다.

용머리

우리나라 섬 지방을 제외한 전국 깊은 산 속 풀밭에 자라는 여러해살이풀로 숙근초다. 가는 잎이 마디마다 여러 개씩 돋아나고, 유난히 작은 풀줄기 끝에 여러 개의 꽃이 달린다. 꽃 모양이 용머리처럼 생겼다 하여 용두, 용머리라고 부른다. 7~8월에 꽃을 피우는 대표적인 여름 꽃으로 꼽힌다. 흰꽃이 피는 것은 흰용머리라고 부른다. 꽃이 피어 있는 기간이 길고 물 빠짐이 좋고 부식질이 많은 사양토에서 잘 자라는 편이다.

분홍노루발풀

버들잎과 흡사한 잎을 가지고 있기 때문에 버들잎바늘꽃이라고도 한다. 노루발풀과의 숙근초로서 땅 속으로 가지를 내어 번식하며, 여름철(6~7월)에 줄기의 윗부분에 붉은 빛을 띤 보랏빛 꽃이 이삭 모양으로 뭉쳐 핀다. 키가 크므로 큰 분을 골라 마사토에 부엽토를 20퍼센트 가량 섞은 흙으로 땅 속 줄기를 옆으로 눕혀서 심는다. 줄기와 잎에는 햇빛이 닿고 밑동은 그늘지게 하면서 바람이 잘 통하는 시원한 자리에서 가꾼다. 토양 수분이 윤택한 것을 좋아하므로 흙이 마르지 않도록 자주 살펴 알맞게 물을 주어야 하지만 과습 상태에 빠져도 좋지 않으므로 신경을 써야 한다.

초롱꽃

아주 먼 옛날에 종을 치는 노인이 살았다. 노인은 아침, 점심, 저녁으로 종을 쳐 사람들에게 시간을 알려주는 고마운 일을 했다. 그러던 어느날 새로 부임한 사또가 종소리가 시끄럽다며 더 이상

종을 치지 못하게 했다. 하루아침에 종을 빼앗긴 노인은 그 날부터 시름시름 앓다가 그만 세상 버리고 말았는데, 이듬해 여름 노인의 무덤가에서 종처럼 생긴 꽃이 무더기로 피어났다. 사람들은 노인의 영혼이 깃든 꽃이라 생각하고 종꽃이라 지어 불렀고, 세월이 흐르면서 꽃 모양이 청사초롱을 닮았다고 해서 초롱꽃이라 부르게 되었다.

깨끗하고 순수함이 전설보다 더 아름다운 초롱꽃은 세계적으로 60속, 1천 500여 종이나 자생하고 있고, 우리나라에는 초롱꽃을 포함해 섬초롱꽃, 금강초롱꽃, 흰금강초롱꽃, 검산초롱꽃이 자생한다. 초롱꽃은 제주도를 제외한 전국의 풀밭이나 낮은 산, 논둑이나 개울가에서 흔하게 발견되는 초롱꽃과의 숙근성 여러해살이풀이며 식물 전체에 거친 털이 많다. 6~7월에 꽃이 핀다.

바람꽃

중·북부 지역의 높은 산에서 햇볕이 잘 들고 배수가 잘 되는 사질토양에 생육한다. 7월경에 높이 20센티 정도로 자라 꽃을 피우며, 뿌리가 대단히 굵고 튼튼하다. 미나리아재비과이며, 우리나라에 자생하는 아네모네속 식물들 중에서 꽃이 크고, 개화 결실이 끝난 후에는 곧바로 지상부가 마르고 휴면에 들어간다. 고산성 식물이므로 통풍이 잘 되고 반 그늘진 곳에서 기른다.

낙동구절초

전국 각지의 낮은 산과 들판의 풀밭, 양지바른 곳에서 흐드러지게 피고 진다. 숙근초로 높이 20~60센티로 자란다. 줄기 끝에 여러 송이의 노란 꽃이 차례로 피어나는데 꽃잎의 배열이 마치 팔랑개비와도 같다. 꽃은 7월~8월에 피며 어린순은 나물로 먹는다. 분 속에 거친 왕모래를 2~3센티 깊이로 깔고 마사토에 잘게 썬 이끼를 20퍼센트 정도 섞은 흙에 심는다.

우 리 · 집 에 서 · 잘 · 자 라 는 · 야 생 화

솔나리

제주도와 도서 지방을 제외한 거의 전국에서 자생한다. 주로 해발 800미터 이상 되는 높은 산 정상 부근의 능선 풀밭이나 바위 틈에서 자란다. 충북의 월악산, 경북의 주흘산, 사불산, 주왕산, 금오산 등을 비롯하여 경남의 가야산에도 자생한다. 높이가 70센티에 달하고 7~8월에 원줄기 끝과 가지 끝에 1~4개의 꽃이 밑을 향해 달린다. 백합과이다.

꽃은 옆을 향해 피고 잎이 솔잎처럼 가늘다. 흰 꽃이 피는 흰솔나리도 있다. 여름 더위에 매우 약한 고산성 식물이므로 바람이 잘 통하는 곳에 두고 직사광선을 피할 수 있게 차광망을 설치해주는 것은 필수적이다.

노랑어리연꽃

노랑어리연꽃

용담과의 여러해살이 수생식물. 전국적으로 연못이나 습지에서 자란다. 물 위에 뜨는 잎은 마치 수련 잎과 비슷하고 윤기가 나며 뒷면은 갈색을 띤 보라색이 돈다. 꽃은 여름 내내 피는데 오이꽃과 비슷한 노란색이다. 꽃잎은 5장이며 줄기의 적당한 마디를 잘라 심으면 일 년 내내 증식이 가능하다. 물이 너무 깊은 곳에서는 잘 자라지 않고 햇빛이 충분히 드는 장소에서 잘 자란다. 풀 전체가 식용, 약용으로 쓰인다.

분홍바늘꽃

버들잎과 흡사한 잎을 가지고 있기 때문에 버들잎바늘꽃이라고도 한다. 바늘꽃과의 숙근초로서 땅 속으로 가지를 내어 번식되는데, 여름철에 줄기의 윗부분에 붉은 빛을 띤 보랏빛 꽃이 이삭 모양으로 뭉쳐 핀다. 키가 크므로 큰 분을 골라 마사토에 부엽토를 20퍼센트 가량 섞은 흙으로 땅 속 줄기를 옆으로 눕혀서 심는다. 줄기와 잎에는 햇빛이 닿고 밑동은 그늘지게 하면서 바람이 잘 통하는 시원한 자리에서 가꾼다. 토양 수분이 윤택한 것을 좋아하므로 흙이 마르지 않도록 자주 살펴 알맞게 물을 주어야 하지만 과습 상태에 빠져도 좋지 않으므로 신경써야 한다.

물싸리

북부 지방의 높은 산 습기가 있는 땅에서 자라는 낙엽떨기나무. 꽃은 6월 중순부터 8월 초순에 잎겨드랑이에 1개씩 달리거나 줄기 끝에 몇 개씩 달리며 노란색이고 꽃자루에 부드러운 흰색 털이 많다. 물을 좋아하므로 부엽토와 생명토, 마사토 등을 적당량 섞어 사용한다.

병아리난

난초과로 여러해살이다. 전국의 반 그늘 진 계곡의 바위, 자갈밭 등에 이끼 등과 함께 생육한다. 높이 8~20센티 정도로 자라며 꽃은 6~7월경에 홍자색으로 핀다. 겨울철 분주에 의해 번식이 가능한데 토양은 물 빠짐과 통기성이 좋은 재료에 부엽을 적당히 섞어 사용한다. 오전 중에 적당히 햇빛이 드는 반 그늘이 적당하고 바람이 잘 통하는 곳이 좋다. 특히 여름철 직사광선과 고온 조건에 약하므로 적당한 채광 관리와 통기에 유의해야 한다.

난쟁이붓꽃

높은 산 정상 부근 건조하고 배수가 잘 되는 바위틈이나 절벽에 붙어 자란다. 키가 10센티 미만으로 아주 가늘고 낮게 자라기 때문에 난쟁이붓꽃이라는 이름이 붙었다. 이밖에도 금붓꽃, 노랑무늬붓꽃, 각시붓꽃 등이 있다. 5~6월에 자주색 꽃이 피어, 5센티 정도의 꽃자루 끝에 1개의 꽃이 달린다. 고산성 식물이지만 낮은 곳에서 길러도 잘 적응한다. 다만 식물체가 자생지에서 자랐을 때에 비해 커져서 높이 20센티 정도에 이르기도 한다. 등심붓꽃 등 원예종으로 개량된 붓꽃 종류가 시중에 많이 나와 있다. 환경부 지정 특정 야생식물(식-28)이므로 자생지에서는 절대로 채취해서는 안 된다.

섬초롱꽃

경상북도 울릉도에서 자라는 한국 특산의 여러해살이 풀이다. 크기도 30~100센티 정도로 초롱꽃과 별 다르지 않다. 역시 전체에 털이 있고 줄기에 난 잎은 위로 갈수록 긴 타원형이며 잎자루가 짧다. 꽃도 초롱꽃과 비슷하게 5월 하순부터 8월 하순에 줄기 끝과 잎겨드랑이에 몇 개가 차례로 피며 밑을 향하고 보통 자주빛이 도는 것이 일반 초롱과 다르다.

우 리 • 집 에 서 • 잘 • 자 라 는 • 야 생 화

타래난초

난초과 식물이 대개 그늘지고 습한 곳에서 자라는 것과는 달리 타래난초는 산과 들, 잔디밭 등 햇볕이 잘 쪼이는 초지에서 자라는 여러해살이풀이다. 무덤가나 길가의 잔디밭 등 낮은 지대 양지바른 곳에서 자란다. 여름에 꽃대가 솟아나오며 꽃턱잎이 나사 모양으로 틀어지면서 위로 올라가 꽃을 피우므로 타래난초란 이름이 붙여지게 되었다. 높이 10~60센티 정도로 자라며 뿌리가 다소 굵다. 줄기에서 나오는 잎은 피침형으로 끝이 뾰족하다. 6~7월에 도홍색 꽃이 피며 나선형으로 꼬인 드림꽃차례(수상화서)가 옆을 향하여 달린다. 흰꽃이 피는 흰타래난초와는 구별한다.

우리 집에서 잘 자라는 야생화

강인한
가을·겨울의 자태

秋冬

구절초

　가을 나들이 때 길가나 야산의 능성이에서 흰색 또는 연분홍색의 꽃을 피운 구절초를 흔히 볼 수 있다. 보통 구절초라 함은 넓은잎구절초의 한 종류이며, 가는잎구절초·서흥구절초·바위구절초·산구절초·이화구절초·남구절초·낙동구절초 등과는 잎 모양에서 차이가 있다. 대개는 높은 지대의 산 능선에서 대군락을 이루고 자라며, 낮은 곳의 들녘 언덕에도 자란다. 산구절초 등과 꽃이 거의 비슷하며, 우리가 흔히 들국화 부르는 국화과의 여러해살이풀이다.

　9~10월에 흰색 또는 분홍빛이 도는 흰색의 꽃을 피우며, 10월쯤 여무는 씨앗은 식용·관상용·약용 등으로 쓰인다. 또 4~5월경에 채취한 어린싹과 4~10월까지 채취한 여린 잎, 그리고 꽃은 말려서 차로 마시면 그윽한 향기가 일품이다. 꽃은 술에 담가 먹기도 한다.

　지상부는 약용으로 쓰는데, 음력 구월 구일에 채취한 것이 가장 약효가 좋다고 해서 구절초란 이름이 붙었다. 한약 또는 엿을 고아서 장기간 복용하면 생리가 정상으로 유지되고 임신이 잘 된다 하여 민간에서 널리 활용된다. 또 선모초(仙母草)라 하여, 신경통·정혈·식욕 촉진·중풍·강장·보온 등에 다른 약재와 같이 처방하여 쓰기도 한다.

　우리나라 산 기슭 곳곳과 만주 지역 여러 곳에서 흔히 나며, 높이 50센티 내외이고, 땅 속 줄기나 씨로 번식한다.

　대개는 높은 산간 지대의 능선 부근에서 군락을 형성하여 자라지만 들에서도 가끔 몇 포기씩 모여서 자란다. 꽃은 원줄기 끝이나 가지 끝에 한 개씩 피며, 지름이 3~6센티 정도의 큰 꽃을 피운다. 꽃 중앙의 노란색의 꽃술과 흰 꽃잎이 선명한 대조를 이룬다.

　번식력과 생명력이 강해 화단 등에 모아 심거나 큰 화분에 담아 키우면 가을에 싱그러운 꽃을 볼 수 있다.

솜다리

에델바이스로 더 잘 알려진 솜다리는 '고귀한 흰빛(edelweiss)'이라는 독일어에서 유래했다고 한다. 우리나라에 자생하는 솜다리는 한라솜다리, 산솜다리, 왜솜다리, 두메솜다리가 있고 구름떡쑥, 다북떡쑥 등 유사종도 있다. 그러나 압화나 분화용, 정원용으로서의 원예 가치가 있는 것은 솜다리(주로 설악산 지역 자생종) 한 품종뿐이다. 잎의 앞뒤를 흰색의 고운 솜털이 감싸고 있어 솜다리라는 이름이 붙은 듯하다. 국화과이며, 8~9월에 꽃을 피운다.

용담

높은 산에서 자생하는 용담과의 숙근성 여러해살이풀이다. 높이는 20~60센티이며 뿌리는 굵고 털뿌리가 있다. 꽃색은 진청색의 종 모양이며 꽃잎 끝은 다섯 갈래로 갈라져 있다. 꽃은 낮에는 오므라졌다가 밤에 핀다.

8~10월에 꽃을 볼 수 있고 서늘한 기후에서 잘 자라며, 적어도 6개월 이상 10도 이하로 유지되는 곳이라야 자연 번식을 하며 군락을 이루고 산다.

꽃은 길거나 짧고 흰색 또는 분홍색도 있다. 무늬종도 있고 종자는 넓은 피침형으로 양끝에 날개가 있다. 반 그늘에서 잘 생육하고 노지에서 월동하며 10~25도에서 잘 자란다. 물 관리는 보통으로 한다. 원예종으로 배양 증식된 칼잎용담, 덩쿨용담, 비로용담 등 여러 종이 시중에 나와 있다.

매미꽃

남부 지방의 계곡 주변 낙엽수림 아래에서 주로 자란다. 양귀비과에 속하는 여러해살이풀로, 높이는 20~40센티 정도로 자라며 잎을 자르면 적색 유액이 나온다. 4~10월에 걸쳐 꽃이 피며 계속 씨를 퍼뜨린다. 5월경부터 채취한 종자를 곧바로 보습성이 좋고 반 그늘진 곳에 채파한다. 매미꽃은 한두 개보다는 여러 개를 모아 기르는 게 더 예쁘다.

우리 • 집에서 • 잘 • 자라는 • 야생화

닭의장풀

닭장 근처에서, 닭들의 배설물에서 얻어지는 힘으로 살아간다고 해서 이런 이름이 붙었다. 닭의씨까비, 닭개비, 달개비, 닭의밑씻개, 닭의꼬꼬, 닭이장풀, 달래개비 등 지방에 따라 여러 이름으로 불리는 이 풀은 닭장뿐만이 아니라 울타리 밑이나 텃밭, 둑 등에 흔히 나는 풀이다. 너무 흔해서인지 이것을 재배하는 농가가 없다. 따라서 시중에 나와 있는 닭의장풀묘도 없다. 굳이 가정에서 키운다면 산채를 해다 키우는 수밖에. 이 풀은 1년생 초본으로 키가 15~50센티 정도이며, 밑 부분이 옆으로 비스듬히 자란다. 잎은 어긋나고 마디가 굵으며 밑 부분의 마디에서 뿌리를 내린다. 7~9월에 꽃을 피운다.

꿩의다리

전국 각지의 기름지고 습기가 있는 낙엽수림 밑에서 자란다. 요즘에는 다양한 꿩의다리가 개량되어 시중에 나와 있다. 키가 큰 종류는 반 그늘에서 관리하고 키가 작은 종류는 양지에서 관리하도록 한다. 생명력이 강한 종이어서 관리하기는 쉽다. 거름기가 없는 땅에서는 성장이 안 된다는 점을 고려해 키가 큰 것은 좀더 작게 기를 수 있다. 정상적으로 키우려면 한 달에 1~2번 물비료를 주거나 옮겨 심을 때 부엽토를 섞어 사용한다.

층층이꽃

양지바른 풀밭에 나는 꿀풀과의 숙근성 풀로 온몸에 털이 나 있다. 7월 초순부터 9월 초순에 걸쳐 줄기와 가지 위쪽에 꽃이 층층이 달린다. 그래서 이름도 층층이꽃이다. 어린순은 나물로 먹으며, 뿌리를 옴약으로 사용한다.

흙은 마사토에 부엽토를 30퍼센트 정도 섞은 것을 쓴다. 분은 지름과 깊이가 20센티 정도 되는 것이 알맞다. 분에 올릴 묘는 꽃대가 자라나기 전의 것이라야 한다.

거름은 깻묵가루를 월 1회 꼴로 주면 된다. 초여름까지는 충분히 햇빛에 쪼이게 하고 그 뒤로는 나무 밑이나 반 정도 그늘지는 자리로 옮겨주어야 한다. 물은 하루 한 번을 원칙으로, 가급적 아침에 준다.

석위

제주도를 비롯한 따뜻한 남쪽 지방의 바위벼랑에서 생육하는 상록 양치류이다. 뿌리줄기에서 20~30센티의 단엽이 잇달아 나온다. 잎은 두껍고 좁은 타원형이며 끝이 뾰족하다. 여름에는 밝은 그늘에 두고 겨울에는 되도록 햇빛을 받도록 한다. 물주기는 여름에 1일 2회 정도로 주고 겨울에는 건조하게 관리한다.

꽃무릇

꽃이 지고 난 자리에서 씨가 맺혀 11월 경 떨어지면 꽃대가 스러지고 난초처럼 생긴 잎이 올라온다. 그렇게 겨울을 보내고 이듬해 봄, 잎이 지고, 알뿌리 상태로 여름을 지낸 후 찬바람이 도는 가을에 꽃대를 올린다. 잎은 꽃을 보지 못하고 꽃은 잎을 보지 못하는 것이다. 이처럼 꽃과 잎이 서로 만나지 못해 상사화라고도 한다. 여러해살이풀이며, 꽃대에 독성이 있으나 삶아 우려먹으면 약이 되기도 한다. 옛날 전북 고창 선운사에 용맹정진하던 한 젊은 스님이 근동으로 탁발을 나갔다가 동네 양가집 처녀와 눈이 마주쳤다. 한눈에 스님의 깊은 인품을 느낀 그녀는 잠깐이나마 이야기를 나누고 싶어했지만 이미 속세의 인연을 끊은 스님은 냉정하기만 했다. 매일매일 절집으로 스님을 찾아갔지만 굴 속에서 나오지 않았다. 그만 그녀는 병이 나버렸고, 혼인을 약속한 남자 쪽 집안에서는 이런 사실을 알고 혼인을 파기해버렸다. 그렇게 되자 집에서도 쫓겨난 그녀는 스님을 찾아 산 속을 헤매다 그만 얼어죽고 말았다. 뒷날 그녀가 죽은 자리에서 이상하게 생긴 꽃 한 송이가 피었는데, 어찌된 일인지 꽃과 잎이 서로 만나지 못하고 피고 지는 것이었다. 그래서 사람들은 추석을 전후로 아장아장 피는 이 꽃을, 피기 전에는 '상사초'라고 부르고, 꽃이 피면 '상사화'라 불렀다.

시중에서는 관상용으로 재배된 꽃무릇, 석산을 상사화로 팔고 있지만 모두 상사화와는 다르다.

벌개미취

산과 들의 습지에서 자라는 여러해살이풀로, 꽃이 예쁘고 또 꽃이 피어 있는 시간이 길어 지피용이나 관상용으로 인기가 있다. 잎은 피침형으로 어긋나며 가지 위로 올라갈수록 작아진다. 꽃은 줄기나 가지 끝에 하나씩 달린다. 건조에 강하므로 물은 조금 마른 듯하게 준다.

한라돌창포

한라산의 해발 1천 700~2천 미터 사이의 정상 부근에서 주로 자라며 공중습도가 적당히 유지되는 메마르고 건조한 바위 등에 붙어서 자란다. 높이 6~8센티 정도의 작은 식물로서 그 수가 많지 않다. 환경부지정 보호식물(식-13)이므로 자생지에서의 채취는 절대 금물이다. 이름에 '돌(부정의 뜻)'이 붙은 것은 창포(천남성과)와는 전혀 다른 백합과 식물이라는 뜻이다. 자생지에서는 강한 햇볕 아래에서 자라지만 중부 지방에서는 반 그늘지고, 배수성이 뛰어난 마사질 토양에서 재배하는 것이 좋다. 고산식물이므로 저해발 지대에서는 재배가 상당히 난해한 식물이다.

잔대

전국의 산지에서 흔히 볼 수 있으며 높이는 50~120센티쯤 자란다. 도라지처럼 굵은 뿌리가 있고 풀 전체에 많은 털이 있다. 꽃은 원뿔꽃차례(원추화서)를 형성하며 원줄기 끝에서 엉성하게 핀다. 어린 줄기와 잎을 나물로 먹으며, 화단 등에 관상용으로 심으면 작은 꽃을 많이 피운다. 우리나라에는 여러 종의 잔대가 각 지역의 산에서 자라고 있으나, 총칭하여 잔대라고 부른다. 대부분 7~9월에 꽃을 피운다.

사랑으로 자라는 들꽃 2

1 야생화를 기르기 전에 꼭 알아두어야 할 상식

야생화는 마음으로 키운다. 마음으로 키운 야생화는 그만큼 싱싱하고 건강한 꽃을 피운다. 필자가 운영하는 야생화 전문점 단골 손님 중에 아주머니 한 분이 계신다.

그 아주머니의 아파트 베란다에는 얼추 200여 종의 야생화가 있는데, 그것도 모자라 늘 새로운, 아직 보지 못한 야생화를 구하기 위해 수시로 점포를 드나드는 분이다. 그렇다고 예전에 사간 야생화를 죽이고 다시 사러오는 것도 아니다.

한번 사간 야생화는 어지간해서는 죽이지 않고, 오히려 종자를 번식시켜 아파트 정원에 꽃밭을 만드는가 하면, 이웃들에게도 나누어주기도 한다. 그러다보니 그 아주머니의 베란다는 근동 꼬마들의 교육장으로 변한 지 오래고, 그 아주머니 역시 야생화 박사로 통한다. 그렇다고 아주머니가 야생화에 대한 지식이 많은 것도 아니다. 야생화를 살릴 수 있을 만큼의 상식을 알아갈 뿐이었다. 야생화는 머리로 키우는 것이 아니었다.

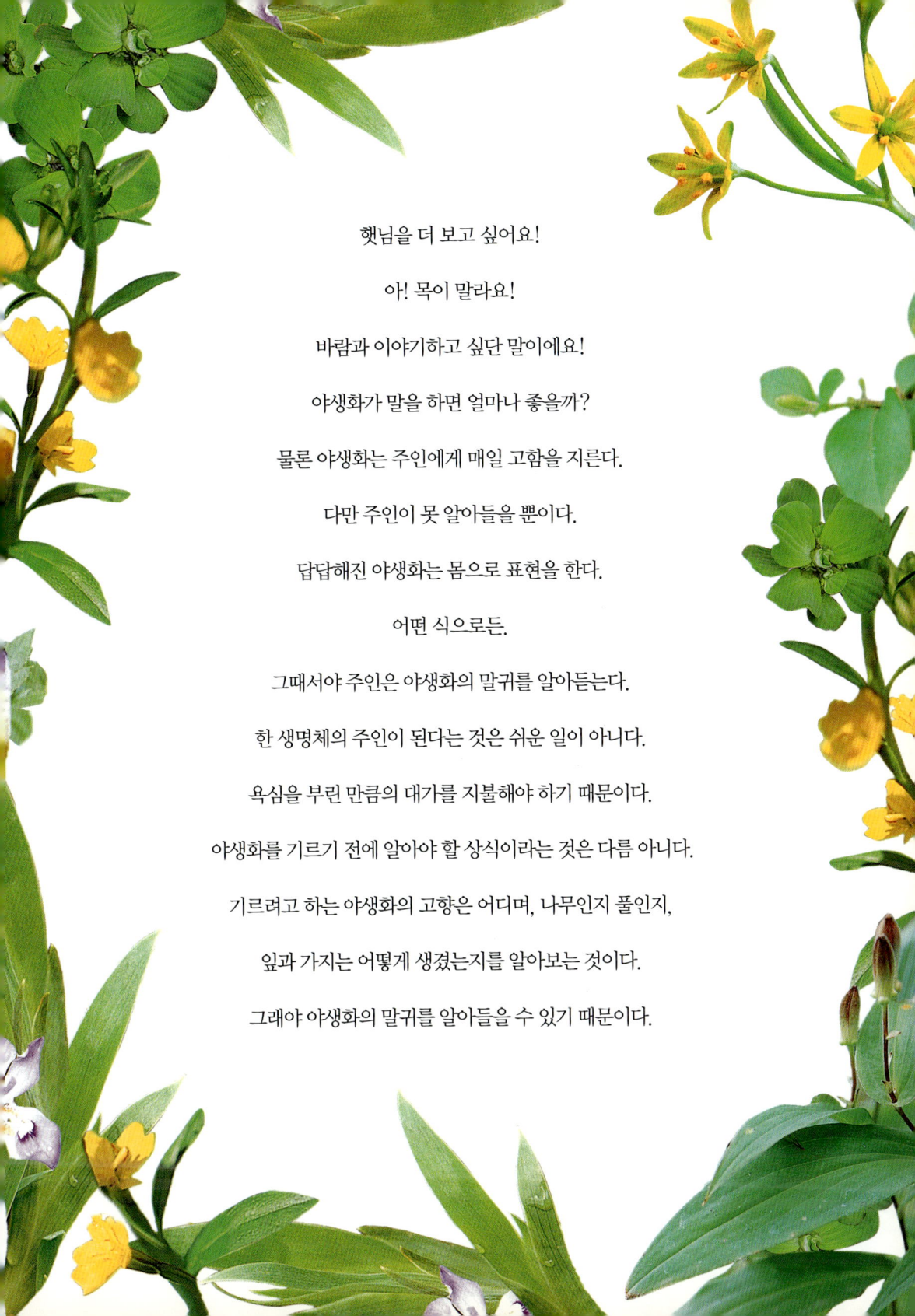

햇님을 더 보고 싶어요!

아! 목이 말라요!

바람과 이야기하고 싶단 말이에요!

야생화가 말을 하면 얼마나 좋을까?

물론 야생화는 주인에게 매일 고함을 지른다.

다만 주인이 못 알아들을 뿐이다.

답답해진 야생화는 몸으로 표현을 한다.

어떤 식으로든.

그때서야 주인은 야생화의 말귀를 알아듣는다.

한 생명체의 주인이 된다는 것은 쉬운 일이 아니다.

욕심을 부린 만큼의 대가를 지불해야 하기 때문이다.

야생화를 기르기 전에 알아야 할 상식이라는 것은 다름 아니다.

기르려고 하는 야생화의 고향은 어디며, 나무인지 풀인지,

잎과 가지는 어떻게 생겼는지를 알아보는 것이다.

그래야 야생화의 말귀를 알아들을 수 있기 때문이다.

초본류와 목본류

식물은 크게 초본류와 목본류로 나눌 수 있다. 초본류는 풀 종류로, 겨울이 되면 땅 위로 나와 있는 부분이 없어지고 뿌리나 종자 형태로 겨울을 나는 특성이 있다. 이에 비해 나무 종류인 목본류는 땅 위의 줄기를 그대로 남긴 채 겨울을 나고 봄이 되면 잎이나 꽃을 피운다.

초본

목본류 말발도리(왼쪽)
반목본류 붉은인동(오른쪽)

조직이 연약하고 목질화(木質化)되지 않으며 잎과 줄기만으로 구성되어 있다. 땅 위의 부분이 대개 1년을 수명으로 말라 시들어버리는 식물을 말한다. 보통 무슨 풀, 나물이라고 부르는 종류들이다.

목본

세포막이 발달하여 목질화된 조직으로 이루어진 다년생 줄기를 가진 식물을 말한다. 곧 나무다. 반목본류라 불리는 것들도 있는데, 이는 초본도 목본도 아닌 것을 일컫는다. 대개 인동처럼 덩굴성 식물들이 이에 해당한다.

초본류 우산나물

식물의 기본 구조와 생김새

식물의 기본 구조는 사람 몸의 구조가 팔·몸통·다리로 구분되는 것처럼, 잎·줄기·뿌리로 나눌 수 있다. 잎은 또다시 잎몸·잎자루·잎집으로 구분하고, 줄기는 마디와 원가지·곁가지로 나뉘며, 뿌리는 원뿌리·곁뿌리·뿌리털로 구분된다.

잎

잎은 수종 식별에 흔히 이용되고 있다. 잎은 가지에 붙은 채로 겨울을 나는 상록성 잎과 겨울이 오면 낙엽이 지는 낙엽성 잎으로 구분할 수 있는데, 이때는 눈의 형태로 겨울을 난다.

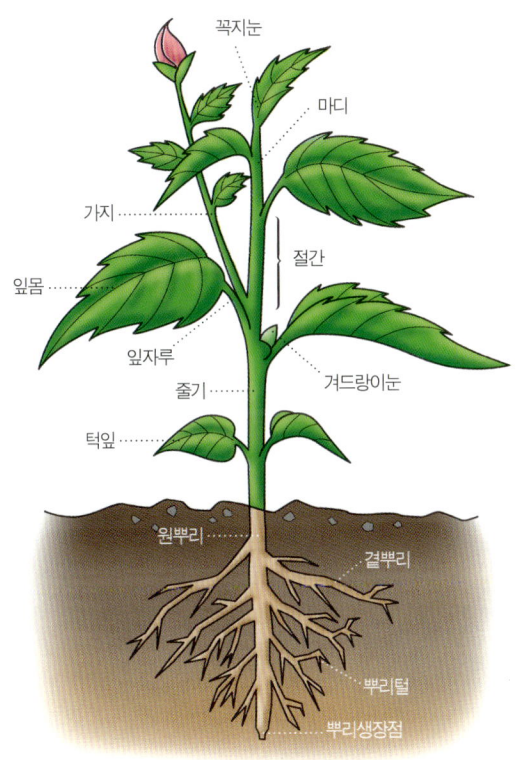

잎의 구조

잎몸 엽신(葉身)이라고도 하며 우리가 보통 잎이라고 부르는 부위이다.

잎자루 엽병(葉柄)이라고도 하며, 잎몸의 줄기 사이에 위치한 가는 자루 모양의 꼭지이다. 그 때문에 잎자루라고 하며, 그 역할은 잎몸을 지지하고 양수분과 동화물질의 통로가 된다. 식물에 따라서는 잎자루가 없는 무병엽도 있다.

잎집 잎몸이 잎의 주된 부분으로서 대부분을 차지하고 있다면, 잎집은 잎자루의 밑동이 발달해서 칼집 모양으로 줄기를 싸고 있다. 구근류(알뿌리)의 구를 이루는 부위도 잎집의 아랫부위가 비대해 이루어진 것이다. 엽초(葉鞘)라고도 한다.

잎의 모양

잎의 모양은 가지와의 연결 부위인 잎자루, 잎자루의 밑동에서 나는 한 쌍의 작은 잎인 턱잎, 광합성의 주체인 잎몸으로 구성되어

● 홑잎의 모양

피침형 타원형 선형 난형
주걱형 심장형 신장형 방패형

있다. 이 세 부분을 모두 갖고 있는 잎을 완전엽이라 하고, 한 가지라도 없는 잎은 불완전엽이라 한다.

홑잎 은행나무, 단풍나무처럼 한 개의 잎몸으로 구성된 잎을 말한다. 단엽(單葉)이라고도 한다.

겹잎 칠엽수, 아까시나무처럼 두 개 이상의 잎몸으로 구성된 잎을 말한다. 복엽(複葉)이라고도 한다. 겹잎에서 각각의 작은 잎몸을 소엽이라 하고, 소엽의 잎자루를 소엽병이라 하며, 전 소엽을 지탱하는 잎자루는 총엽병이라 한다.

홀수일회깃모양겹잎 아까시나무처럼 소엽의 숫자가 홀수이고, 잎자루에서 한 번만 분화한 것으로 기수일회우상복엽(奇數一回羽狀複葉)이라고도 한다.

짝수일회깃모양겹잎 무환자나무처럼 소엽의 숫자가 짝수이고, 잎자루에서 한 번만 분화한 것으로 우수일회우상복엽(偶數一回羽狀複葉)이라고도 한다.

● 겹잎의 모양

손바닥모양겹입(5출엽)
홀수일회깃모양겹입
홀수이회깃모양겹입
짝수일회깃모양겹입
짝수이회깃모양겹입

마주나기

어긋나기

홀수이회깃모양겹잎 두릅나무처럼 소엽의 숫자가 홀수이고, 잎자루에서 두 번 분화한 것으로 기수이회우상복엽(奇數二回羽狀複葉)이라고도 한다.

짝수이회깃모양겹잎 자귀나무처럼 소엽 숫자가 짝수이고, 잎자루에서 두 번 분화한 것으로 우수이회우상복엽(偶數二回羽狀複葉)이라고 한다.

손바닥모양겹잎 담쟁이덩굴처럼 소엽이 3장으로 된 삼출엽이 있고, 으름덩굴처럼 5장으로 된 오출엽이 있으며, 칠엽수처럼 7장으로 된 칠출엽이 있다. 장상복엽(掌狀複葉)이라고도 한다.

돌려나기

잎의 차례

잎차례란 줄기에 잎이 붙어 있는 모양을 말하는데 어떤 모양으로 붙어 있는가에 따라 돌려나기, 어긋나기, 마주나기 등으로 구별한다. 엽서(葉序)라고도 한다.

마주나기 잎이 마디마디에 두 개씩 마주 달린 것을 말하며, 대생(對生)이라고도 한다.

십자마주나기

어긋나기 잎이 서로 어긋나게 마주 달린 것을 말한다. 호생(互生)이라고도 한다.

돌려나기 으름덩굴처럼 한 마디에 세 개 이상의 잎이 수레바퀴 모양으로 돌려나는 것을 말한다. 윤생(輪生)이라고도 한다.

십자마주나기 잎이 서로 교대로 마주 달린 것을 말한다. 교호대생(交互對生)이라고도 한다.

총생

총생(叢生) 독일 가문비나무처럼 잎이 어긋나기로 달리지만 마디 사이가 극히 짧아 한 마디에 여러 개의 잎이 달린 것처럼 보이는 것을 말한다. 속생(束生)이라고도 한다.

● 꽃의 구조

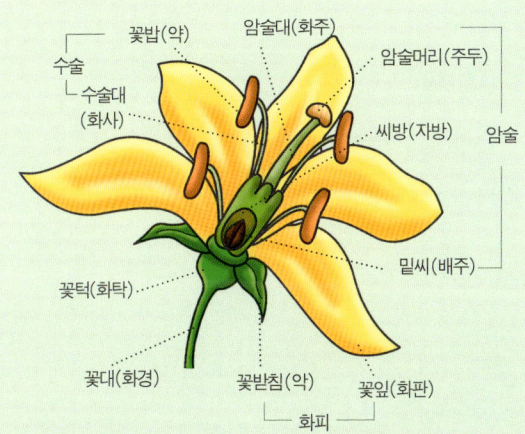

● 꽃차례(화서)의 여러 가지 모습

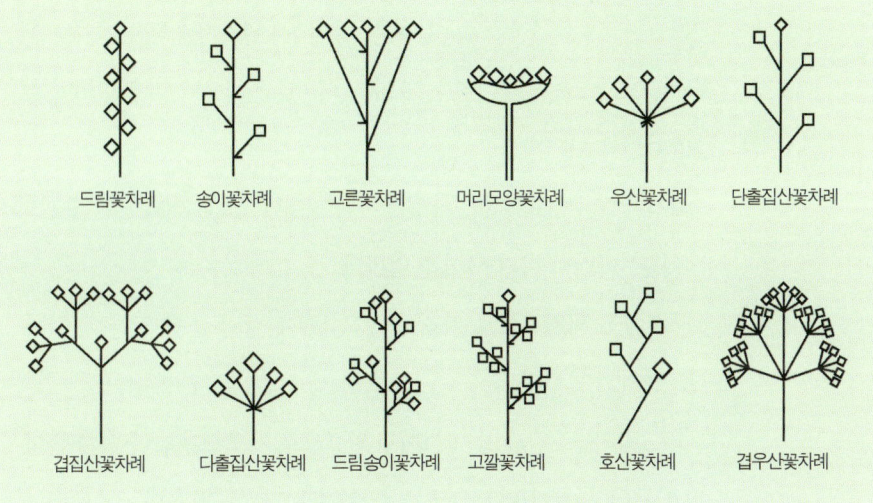

가지

줄기로부터 잎을 연결시켜주는 기관을 통틀어 가지라고 한다. 특히 나무의 원줄기에서 직접 뻗어나온 굵은 가지를 원가지라 하고, 2~3년생의 어린 가지를 소지(小枝)라 하며, 올해 자라난 가지를 신초(新梢)라 하고 번데기처럼 생겼으며, 더디게 자라는 가지를 단지(短枝)라고 한다.

원가지 나무 줄기에서 바로 윗줄기 부분을 원가지라 부르는데, 곁가지보다 생장점의 발육이 더욱 왕성하여 빨리 곧게 자란다. 원가지에서 곁가지가 나오고 곁가지에서 소지(小枝)가 나온다. 원가지를 제거하면 고유의 모양을 잃게 되므로 자르지 않는 것이 보통이다. 주지(主枝)라고도 한다.

● 가지의 구조

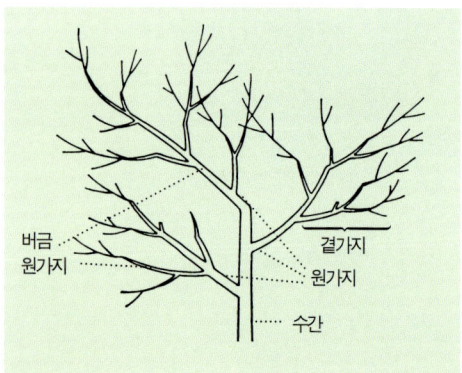

출처 『원예사전』

곁가지 원가지 또는 덧원가지에 붙은 가지를 말한다. 2~3년생의 어린 나무 또는 왜화 재배에서 원줄기에 붙은 가지를 곁가지라고 부르는 경우가 있는데 넓은 의미로는 이 경우도 포함된다. 측지(側枝)라고도 한다.

마디 줄기에 가지나 잎이 붙은 곳을 말한다. 절(節)이라고도 한다.

절간 마디와 마디 사이를 말한다.

꼭지눈 위치상으로 가지의 끝(선단)에 생긴 눈을 말한다. 정아(頂芽)라고도 한다.

겨드랑이눈 잎과 줄기 사이에 있으므로 겨드랑이 같다 하여 붙여진 이름이다. 액아(腋芽), 또는 측아(側芽)라고도 부른다.

수관 원가지, 곁가지 등 나무 줄기 윗부분의 많은 가지와 잎이 달려 있는 부분을 말한다. 수관(樹冠)의 형태는 구형, 난형, 피라미드형, 원주형, 원추형, 능수형, 배상형 등으로 구분한다.

수간 나무의 줄기를 가리키는 수간(樹幹)은 수관을 받치는 구실을 한다. 나무 껍질은 빛깔, 형태, 갈라지는 모양 등이 각기 다르다.

곧은뿌리

뿌리

뿌리는 원뿌리〔主根〕와 곁뿌리〔側根〕, 그리고 뿌리털〔根毛〕로 구분된다. 뿌리털은 뿌리 끝에 실같이 가늘게 난 털로써 뿌리의 표면적을 크게 해주며 수분과 양분의 흡수에 필요하다. 뿌리는 모양에 따라 곧은뿌리〔直根〕계와 수염뿌리〔鬚根〕계, 알뿌리로 나뉜다.

곧은뿌리계는 땅 위의 몸체를 지지해주는 원뿌리와 그 옆으로 난 곁뿌리가 뚜렷하고, 그 뿌리에 붙어 있는 잔뿌리〔細根〕로 나누어져 있다. 분갈이할 때에는, 굵은 뿌리는 자르되, 잔뿌리는 다치지 않게 다루어야 한다. 초본류 중에서도 이런 형태의 뿌리를 가진 종들이 있다.

알뿌리

수염뿌리계는 원뿌리와 곁뿌리의 구별이 없고, 깽깽이처럼 땅 속에서 일정한 굵기의 뿌리가 사방으로 퍼져 있다. 이런 뿌리를 가진 식물은 뿌리를 많이 잘라내도 크게 영향을 받지 않는 대신 물 관리가 쉽지 않다. 물을 많이 먹는다는 얘기다.

알뿌리는 양파처럼 생긴 뿌리를 말하는데 줄기나 뿌리가 특별히 비대하여 저장 기관으로 발달한 식물이다. 해오라비처럼 작은 것에서부터 수선화처럼 큰 것도 있다. 뿌리에 수분을 많이 저장하고 있으므로 물은 좀 마른 듯하게 주는 것이 좋다.

수염뿌리

1 야생화를 기르기 전에 꼭 알아두어야 할 상식　91

야생화의 분류

식물은 수명에 따라 한해살이, 두해살이, 여러해살이로 나뉘며, 자라는 장소에 따라 음지식물, 양지식물, 수생식물 등으로 나뉜다. 또 생태적 특성에 따라 구근류, 다육식물 등으로 구분하기도 한다.

여기에서는 이런 분류를 야생화에 한정해 살펴보도록 하겠다.

수명에 따른 분류

한해살이(1, 2년초)

봄에 새순이 돋아나기 시작해 가을쯤 잎이 지고 죽는, 식물의 일생이 1년으로 끝나는 것(1년생)과 특별히 해를 넘겨 2년에 걸쳐 생육하는 것을 말한다. 이를 2년초라 하는데 따로 구분을 하기도 한다.

한해살이이므로 화분에 키울 때는 매년 종자를 뿌려 재배해야 한다는 단점도 있으나, 바깥의 화단이나 마당 등지에 심었을 경우에는 한 번 파종하면 종자가 자연적으로 떨어져 계속 발아하고 생육해 군락을 이룬다.

종류로는 닻꽃, 마름, 좀향유, 꽃향유, 물봉선, 별꽃풀, 솔체꽃, 자운영, 자주쓴풀, 물달개비, 두메양귀비, 산괴불주머니, 자주괴불주머니 등이 있다.

이런 종류의 야생화는 종자가 잘 결실되고 생명력이 뛰어나 파종하였을 때 발아도 잘 된다. 또한 생활 주기가 짧아 새로운 품종을 육성하기도 쉽다.

두해살이(2년생 식물)

종자가 발아한 후 생장하여 일정한 크기에 이르면 환경 등의 원인에 의하여 일시 발육이 정지하는 휴면(休眠)에

자운영

들어가고, 그 후 겨울을 보내고 봄이 오면 휴면을 끝내고 꽃을 피우고 종자를 남기는 식물로 1년 이상 2년 내에 꽃을 피우는 식물들을 말한다.

2년생 식물은 개화하는 데 필요한 몸체 크기가 1년으로 부족하거나 휴면을 멈추기 위해 겨울 과정을 꼭 겪어야 되는 등 1년의 생육 기간으로는 부족하고 2년이 소요되는 식물들이다. 구슬붕이, 잔대, 달맞이꽃, 봄맞이, 접시꽃 등이 여기에 속한다.

구슬붕이

여러해살이(다년초)

3년 이상 땅 속 줄기가 생존하는 초본으로, 매년 발아-생육-개화-결실-고사를 반복하는 야생화를 말한다. 초본성인 숙근초(宿根草 : 겨울 동안 땅 위의 줄기는 말라죽고 뿌리만 살았다가 이듬해 봄에 다시 새싹이 돋아나는 풀)와 구근류, 그리고 목본성인 수목류로 나눌 수 있다.

초본성인 숙근초나 구근류는 일단 종자를 파종하여 싹이 터서 어느 정도 양분 축적을 하게 되면 꽃을 피우는데, 겨울 동안에 땅 위 부분은 얼어 죽어버리고 땅 속의 뿌리나 구근만 남게 된다. 천남성, 앉은부채, 여로, 처녀치마, 자란, 개불알꽃, 주름제비란, 바위솔, 바위연꽃, 땅채송화, 개구리갓, 벌노랑이, 두메자운, 산국, 곰취, 톱풀, 구절초, 금불초, 우산나물 등 매우 다양한 종류들이 있고, 또 여러해살이면서 상록인 것은 실꽃풀, 좀딱취, 털머위, 부처손, 개톱날 고사리 같은 상록성 양치류와 한란, 석곡, 춘란 등 난과 식물 등도 있다.

대부분의 야생화는 한번 심어놓으면 여러 해 동안 생명력을 유지하는데, 그 지역의 내한성이나 재배 습성에 따라 달라지기도 한다. 예컨대 남부 지방에서만 월동이 가능한 일부 여러해살이풀의 경우 적절한 관리만 해주면 중부 지방에서도 월동이 가능하다.

생육 장소에 따른 분류

음지식물(양치식물)

흔히 고사리, 고비 등과 같은 부류를 일컫는데, 거의 대부분 숲속의 그늘지고 축축한 곳에서 자라는 초본류이다. 우리나라에는 약 300여 종 정도의 양치식물이 서식하고 있다. 대부분 뿌리, 줄기, 잎의 구분이 가능하고 물관이 발달되어 있다.

그러나 솔잎란처럼 뿌리와 잎의 구별이 없는 종들도 있다. 이런 양치식물들은 종자가 열리지 않아 포자(胞子)로 번식한다.

이런 음지식물들은 재배가 비교적 쉽고 독특한 관상 가치를 지니고 있다. 속새를 비롯하여 일엽초, 파초일엽, 고란초, 풀고사리, 실고사리, 관중, 봉의꼬리, 족제비고사리, 쇠고사리 등이 있다.

양지식물

대개 그늘이 없는 들이나 논두렁 같은, 해가 하루종일 드는 곳에서 자라는 식물을 일컫는다. 자운영, 제비꽃, 할미꽃 같은 식물이 이에 해당하는데 화분에 옮겨 집안에서 기를 때는 반 음지에서 키우는 것이 좋다. 음지식물 역시 집에서 기를 때는 해가 반쯤 드는 반 그늘에서 더 잘 자란다.

수생식물

연못이나 웅덩이 같은 곳에서 물 위에 뜬 상태로 자라는 식물을 말하는데, 식물이 생육하고 있는 장소

고사리

에 물이 많은가 또는 적은가에 따라서 수생식물(水生植物)과 육생식물(陸生植物)로 구분하고, 육생식물은 다시 습생식물, 중생식물, 건생식물로 구분한다.

수생식물은 물을 쉽게 얻을 수 있으므로 뿌리가 별로 발달되어 있지 않다. 오히려 산소를 얻기가 힘들기 때문에 특별한 방법으로 살아가는데, 그 때문에 수생식물들은 오염 물질을 제거하는 훌륭한 천연 필터 역할을 한다.

식물의 종류에 따라서는 항아리 등에 심어 분물로 감상할 수 있는 종류도 있다. 가정에서 재배 또는 생장 가능한 것들로는 부들, 가래, 벗풀, 물질경이, 물억새, 개구리밥, 물옥잠, 물달개비, 부레옥잠, 수련, 왜개연꽃, 어리연, 노랑어리연꽃 등이 있다.

생태적 특성에 따른 분류
구근류(알뿌리)

다년생 식물에 속하며 줄기나 뿌리와 같은 식물체 기관의 일부가 특별히 비대해진 식물을 일컫는다. 우리나라에는 많은 구근식물들이 자생하고 있는데, 각종 나리류를 비롯하여 마, 얼레지, 산부추, 둥굴레, 문주란, 상사화, 백양꽃, 현호색 등이 여기에 해당된다.

나리류의 경우는 비늘줄기[鱗莖]에 양분이 저장되어 있어 따로 인경류로 구분하기도 한다. 이들 나리류는 다른 자생식물에 비해 저렴한 방법으로 대량 번식이 가능하며, 적당한 처리에 의해 촉성(促成: 씨를 뿌리는 시기부터 수확기까지 계속 가온하거나 보온된 시설에서 가꾸는 방식) 및 억제(抑制: 인공적인 저온 또는 건조 등으로 작물

석산

의 싹틈이나 자람을 억제하여 수확 시기를 조절하는 방식) 재배가 가능하다.

다육식물

자생식물들 가운데 다육식물(多肉植物)로 분류할 수 있는 종은 많지 않다. 다육식물의 특징은 줄기나 잎의 일부 또는 전체가 수분을 많이 간직하고 있으며 살이 많다. 이와 같은 식물들은 대부분이 잎과 줄기가 분화되어 있지 않은 형태이며, 건조에 강하고 강한 햇빛을 좋아한다. 바위솔, 바위연꽃, 땅채송화, 바위채송화, 둥근바위솔 등이 있다.

바위솔

난과 식물

난과 식물은 땅 속에 뿌리를 내리고[地生] 사는 것과 바위 틈이나 고목 등에 붙어[着生] 사는 것들이 있는데 잎은 보통 춘란 등과 같이 부채꼴 모양이거나 사초 모양인 것, 또는 풍란 등과 같이 두꺼운 육질인 것, 비늘 모양으로 퇴화한 것 등 다양하다.

난과 식물의 특징은 특히 꽃의 좌우 모양이 같고, 대부분이 양성화이고 화피편이 일반적으로 6개로서 관상 가치가 높다.

뿌리는 뿌리줄기[根莖]이거나 덩이줄기[塊莖]인 것도 있고 수염뿌리인 경우도 있으며 흔히 공생균인 균근이 함께 한다.

우리나라에는 보춘화를 비롯하여 천마, 자란, 풍란, 사철란, 새우난초, 여름새우난, 손바닥난초 등 약 86종 정도가 자생하는 것으로 알려져 있다.

자생지에 따른 분류

아래 소개한 분류의 예는 완벽한 것이라고는 할 수 없다. 그러나 가정에서 야생화를 기르고 수종을 선택하는 데 적지 않은 도움이 될 것이다.

아래에서 겹치는 수종, 이를테면 각시둥굴레 같은 종은 산 속 나무 밑이나 촉촉한 들에서도 자생한다는 뜻이다. 습기를 좋아하되 햇빛은 많이 받지 않아도 잘 자란다는 것을 알 수 있다.

높이에 따른 분류

산에서 자라는 야생화 (고산식물 포함)

각시둥굴레, 개여뀌, 개차고사리, 고사리삼, 골무꽃, 공작고사리, 구슬붕이, 구실사리, 구절초, 기린초, 꽃바위창포, 끈끈이귀개, 끈끈이주걱, 나도개별꽃, 나도파초일엽, 나리난초, 나비난초, 냉이류, 노루귀, 노루오줌류, 도라지, 돌단풍, 두루미꽃, 들국화류, 들쭉나무, 마타리, 매발톱류, 물레나물, 물매화, 미역취, 민족도리풀, 바람꽃류, 바위떡풀, 비위말발도리, 바위손, 방울꽃, 백리향, 범의귀, 복수초, 봄범꼬리(이른범꼬리), 비비추류, 사철란, 산오이풀, 산작약, 삼백초, 새우난초, 석곡, 석송, 석창포, 선바위고사리, 섬공작고사리, 섬백리향, 세뿔석위, 소엽맥문동, 솜다리류, 솜대, 승마류, 시로미, 싸리나무류, 쌍꽃대, 암매, 애기나리, 애기모람, 앵초류, 얼레지, 오이풀, 용담, 우산나물, 월귤나무, 자금우, 자주사철란, 잔대류, 정향풀, 조팝나무류, 좀양지꽃, 진황정(대잎둥굴레), 찔레나무, 처녀치마, 초롱꽃, 콩짜개덩굴, 털머위, 투구꽃, 패랭이꽃, 패모, 풀고사리, 풍란(소엽풍란), 피나물, 할미꽃, 현호색류, 호장근(싱아) 등.

섬초롱꽃

들에서 자라는 야생화 (습지식물 포함) 각시둥굴레, 각시붓꽃, 갈대, 개여뀌, 갯메꽃,

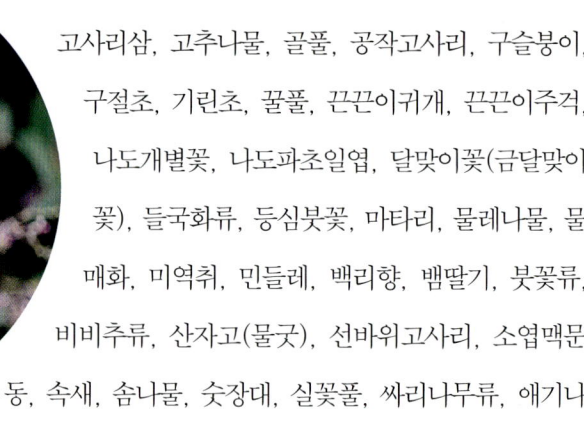

고사리삼, 고추나물, 골풀, 공작고사리, 구슬붕이, 구절초, 기린초, 꿀풀, 끈끈이귀개, 끈끈이주걱, 나도개별꽃, 나도파초일엽, 달맞이꽃(금달맞이꽃), 들국화류, 등심붓꽃, 마타리, 물레나물, 물매화, 미역취, 민들레, 백리향, 뱀딸기, 붓꽃류, 비비추류, 산자고(물굿), 선바위고사리, 소엽맥문동, 속새, 솜나물, 숫장대, 실꽃풀, 싸리나무류, 애기나리, 얼레지, 오이풀, 은방울꽃, 일엽초, 자금우, 자운영, 제비꽃류, 진황정(대잎둥굴레), 찔레나무, 초롱꽃, 큰방울새란, 타래난초, 털머위, 패랭이꽃, 할미꽃, 해오라비난초, 현호색류, 황새풀, 흰민들레 등.

환경에 따른 분류

바위 위 또는 자갈밭 갯국화, 공작고사리, 구실사리, 기린초, 꽃바위창포, 꿩의다리, 나도파초일엽, 나리난초, 냉이류, 노루오줌류, 돌나물, 돌단풍, 물레나물, 바람꽃류, 바위떡풀, 바위손, 바위솔, 백리향, 석곡, 석위, 석창포, 선바위고사리, 섬공작고사리, 섬백리향, 세뿔석위, 애기모람, 앵초류, 월귤나무, 일엽초, 잔대류, 털머위, 풀고사리, 풍란(소엽풍란), 해국, 해변국화 등.

산 속 나무 밑 각시둥굴레, 개여뀌, 공작고사리, 구슬붕이, 끈끈이귀개, 나리난초, 나비난초, 두루미꽃, 둥굴레, 민족도리풀, 봄범꼬리(이른범꼬리), 산자고(물굿), 산작약, 석창포, 선바위고사리, 소엽맥문동, 솜대, 쌍꽃대, 애기나리, 얼레지, 오이풀, 우산나물, 음양곽(삼지구엽초), 자금우, 진황정(대잎둥굴레), 콩짜개덩굴, 털머위, 투구꽃,

풀고사리, 풍란(소엽풍란), 피나물, 홀아비꽃대 등.

계곡가 골무꽃, 꽃바위창포, 돌단풍, 물매화, 바위떡풀, 바위손, 비비추류, 사철란, 석창포, 석곡, 선바위고사리, 섬공작고사리, 속새, 승마류, 자주사철란, 잔대류, 콩짜개덩굴, 풀고사리 등.

습지 각시석남(애기진달래), 갈대, 골풀, 끈끈이귀개, 끈끈이주걱, 벗풀, 속새, 숫장대, 해오라비난초, 황새풀 등.

각시석남

2 튼튼한 야생화 고르는 법

경험 없이 이제 막 야생화를 시작하는 사람에게 튼튼한 야생화를 고르는 것은 무엇보다 중요하다. 처음의 성공 여부가 앞으로의 야생화 기르기를 가름하기 때문이다.

필자가 야생화 전문점을 운영하면서, 자주 듣는 말이 있다. 야생화를 처음 시작하는 사람들이 빼놓지 않는 말이다.

"아저씨! 꽃도 예쁘게 오래오래 피우고요, 물을 자주 안 줘도 잘 안 죽고, 값도 싼 것은 없어요?"

결론부터 말한다면 그런 야생화는 없다. 석 달 열흘 꽃을 피우는 것도 없거니와 물을 주지 않아도 잘 사는 야생화는 더더욱 없다. 지나친 욕심이다. 단, 튼튼한 야생화는 있다. 중요한 것은 어떻게 잘 고를 것인가이다. 다음은 필자가 그동안 야생화를 키우면서 경험한 방법이므로 참고가 되었으면 한다.

웃자라지 않은 것을 고른다

꽃집엘 가보면 온실에서 잦은 비료와 고온 다습한 상태에서 힘없이 키만 큰 것들을 볼 수 있다.

뭘 모르는 사람은 키가 커서 좋다고 선뜻 구입을 서두르는 사람이 있는데, 이런 것들은 어지간해서는 정상적인 발육이 어려우므로 피하도록 한다.

물론 원줄기가 아닌 잔가지나 잎이 웃자란 것은 다시 새 잎을 받으면 정상적으로 키울 수도 있지만 초보자에게는 다소 어렵다. 단단하고 야무지게 보이는 것으로 구입을 한다.

하지만 아무리 튼튼한 묘를 구입해도 기르는 과정에서도 물과 거름을 너무 자주 하고 햇볕을 보이지 않으면 역시 힘없이 위로만 크는 경우가 있다.

뿌리가 튼튼한 것을 고른다

뿌리를 알아야 하는 이유는 크게 세 가지가 있다. 하나는 건강한 묘를 고르기 위함이고, 둘째는 분갈이 때문이다.

뿌리에 따라 분갈이를 자주 해야 하는 게 있는데, 아무리 예쁜 꽃을 피우고 있다 해도 뿌리 상태가 시원찮으면 금방 죽을 염려가 있기 때문이다.

다양한 뿌리를 보고, 또 뿌리를 잘라가며 분갈이를 해본 경험이 많을수록 야생화를 키우는 데 적잖은 도움이 된다. 하지만 처음부터 건강한 뿌리를 알아낼 수도 없거니와 화분에 심어진 야생화의 뿌리를 확인할 수는 없다. 그럴 땐 포트를 들어 밑을 보면 뿌리 상태를 알 수가 있다.

뿌리가 포트 밑으로 나와 있는 것은 포트에 심은 지 오래되었고 뿌리가 튼튼하게 자라고 있다는 증거다. 만약 포트 밑으로 뿌리가 보이지 않을 경우에는 주인의 양해를 얻어 포트를 살짝 뒤엎어 뿌리를 살펴보고 난 다음에 구입해도 좋을 듯싶다.

잎에 광택이 돌고, 모양이 아름다운 것을 고른다

뿌리가 건강하면 잎도 건강하기 마련이다. 잎에 광택이 없거나 잎이 말라가는 것, 잎이 늘어져 힘이 없거나 잎 뒷면에 진디나 해충이 있는 것, 잎에 반점이 있는 것은 피한다. 행여 모르고 진디나 깍지 같은 해충이 있는 묘를 골라 집으로 가져가면, 집에 있던 식물에까지 치명적인 영향을 미칠 수 있으므로 조심해야 한다.

보기 좋은 떡이 맛도 좋고, 이왕이면 다홍치마라고 했다. 야생화 역시 잘 생긴 몸체에서 피우는 꽃이 더 예쁜 법이다. 하지만 참으로 안타깝게도 이런 놈들을 만나기란 좀처럼 쉽지 않다. 주인이나 발빠른 사람들이 먼저 차지를 하고 그 나머지가 초보자들의 차지가 되기 때문이다.

그렇다고 너무 슬퍼하지 말자. 나무가 잘 생기면 꽃이 덜 예쁘고, 꽃이 예쁘면 향기가 없다. 못생긴 놈일수록 꽃이 더 예쁘고, 향기도 진하다. 야생화를 기르다보면 자연스레 터득하게 되는 자연의 가르침이다.

봄부터 가을까지 꽃이 피는 여러 종으로 선택한다

우리나라는 사계절이 뚜렷해 봄부터 가을에 걸쳐 피는 꽃들이 정해져 있다. 봄부터 가을에 걸쳐 피는 종들을 색깔별로 선택해 여러 개를 키우며 계절의 변화를 느껴보는 것도 색다른 멋이다.

한해살이인 경우에는 봄에 피는 것들이 많은데 넓은 화분에 다년생과 적절히 심어놓으면 피고 지고 하는 과정을 여러 해 동안 관찰할 수 있다.

꽃봉오리가 있거나 꽃이 핀 것을 사는 것도 좋지만, 꽃을 한 번만 보고 말 것이 아니라면 꽃이 진 것을 사는 것도 좋은 방법이다. 값도 싼 데다 다시 꽃을 피울 때까지의 과정을 처음부터 관찰할 수 있기 때문이다. 꽃을 오래 볼 욕심으로 야생화를 고른다면 겹꽃을 고르도록 한다. 일반적으로 겹꽃이 홑꽃보다 꽃이 피어 있는 기간이 길기 때문이다. 그러나 보는 이에 따라서는 겹꽃보다는 홑꽃이 더 예뻐 보일 수도 있다.

야생화를 구입할 때는 주인에게 꼭 꽃이 피는지를 물어보고 구입해야 한다. 꽃봉오리가 있다 해도 해를 보지 못하거나 거름이 약하면 꽃봉오리처럼 생겼던 것이 잎으로 변하는 수도 있고, 또 너무 건조하면 꽃봉오리가 말라버리는 수도 있다.

병꽃나무

2 튼튼한 야생화 고르는 법

3 야생화 죽이지 않고 오래오래 잘 기르는 법

아무리 질긴 생명력을 자랑하는 야생화라도 정성 들여 기르지 않으면 금새 시들어 죽고 만다. 야생화를 잘 기르고 못 기르고의 차이는 기르는 사람의 정성에 있다.

야생화 전문점에서 판매하는, 야성을 순화시킨 야생화라 해도 야생화는 야생화다. 야성이 강한 꽃을 집에서 기르려면 우선 특별한 관리법이 필요하다.

특별한 관리법이란 다른 게 아니라 햇빛, 물, 통풍 이 세 가지를 최적으로 관리하는 것이다. 여기에 기르는 사람의 정성이 하나 더 들어간다. 최적의 조건을 맞춰주려는 그 정성이다.

집에서 기르는 식물을 잘 죽이는 사람들을 보면 대개 햇볕을 제대로 쬐어주지 않았거나 물 관리를 잘못하는 경우가 많다. 사다놓고 며칠, 꽃이 있는 동안은 들여다보다가 꽃이 지고 나면 금새 관심이 시들해져 방치하는 경우가 많다.

주변에서 쉽게 볼 수 있는 것을 선택한다

꽃이 예쁘긴 하지만 집에서 키울 자신이 없는 사람은, 차라리 그 꽃집을 드나들면서 지켜보는 쪽이 더 낫지 않을까 한다.

"어머, 예뻐라! 이 꽃 얼마예요?"

이렇게 이름도 물어보지 않고, 어떻게 기르는지 알아보지도 않고, 지나가다 그냥 꽃이 예뻐서 사가는 사람들이 있다. 장담하건대, 그렇게 사가는 꽃은 팔려나가는 순간부터 죽어간다고 보면 된다. 꽃이 지고 나면 천덕꾸러기 신세가 될 게 뻔하기 때문이다. 애정 결핍으로 죽어가는 야생화가 허다하다.

자연의 생명을 생각한다면, 그리고 자라나는 아이들에게도 그 소중함을 전해주고 싶다면 꽃을 보며 즐거워하고 신기해했던 기억을 되살려 기르는 데도 정성을 다했으면 싶다.

야생화를 잘 키우려면, 선택할 때 자신이 살고 있는 지역에 맞는 것을 골라야 한다. 이미 강조했지만 기르고자 하는 수종의 생태적인 특성과 키울 장소에 해는 잘 드는지, 통풍은 잘 되는지 등을 먼저 고려해야 한다. 서울에서 야생화를 키운다면 해안가나 고산식물처럼 특별한 환경에서 자라는 꽃을 선택할 것이 아니라 서울이나 경기 주변에서 쉽게 볼 수 있는, 생명력이 강한 수종을 선택하는 것이 무난하다.

고산식물은 일반적으로 표고 1천~1천 900미터 정도 되는 고산지대에서 자라는 식물들을 말하는데, 이런 곳에서 자라는 식물들은 저지대 식물과 비교하여 생리·생태적으로 많은 차이를 보인다.

특히 표고 2천 미터 이상의 고산지대에 서식하는 식물은 모양이 특이하고 희귀해 관상 가치가 높은 반면 성질이 까다로워 경우에 따라서는 특별한 재배 시설을 필요로 하는 경우가 많

다. 혹시라도 키워볼 욕심이라면 무엇보다 여름철 관리가 어렵다는 것을 알아두어야 한다. 어느 정도 자신감이 생긴 다음에나 한번 생각해볼 일이다.

여러 꽃을 한꺼번에 기른다

경험으로 보아도 한두 개를 키우는 사람보다 여러 개를 한꺼번에 기르는 사람이 죽이지 않고 잘 기르는 것을 알 수 있다. 한두 개를 기를 때는 아무래도 존재 여부가 미흡해 깜박 잊고 물주는 것을 잊는 경우가 많지만, 여러 개를 키우다보면 야생화의 존재가 확실하고 또 자기네끼리 습기를 나눠 갖기 때문에 빨리 마르지도 않고 물 관리도 그만큼 용이하다. 그러나 성질이 비슷한, 그러니까 습기를 좋아하는 것들과 싫어하는 것들, 병충해에 시달리는 것들은 서로 구분을 해야 한다.

거름을 주지 않아도 잘 자라는 것으로 선택한다

집에서 기르는 야생화는 가혹한 자연 환경에서 자라는 것보다 환경이 양호한 편이라고 할 수 있다. 그러다보니 너무 곱게 키워 자칫 응석받이(?)가 될 수도 있는데, 그중 하나가 잦은 거름주기와 물주기다.

어지간한 야생화는 거름을 주지 않아도 잘 자란다. 그런데도 야생화를 너무 끔찍이 여기는 사람들은 잦은 거름주기와 물주기로 오히려 멀쩡한 야생화를 망치는 예가 있다. 특별한 경우가 아니라면 가능한 거름량을 줄이거나 거름을 하지 않는 것이 좋다. 특히 깻묵 거름 같은 질소질 비료의 경우는 식물체를 웃자라게 하므로 주의해야 한다. 거름을 주고 해를 쬐지 않으면 키가 웃자라 관상 가치가 그만큼 떨어진다는 것을 알아두자.

오전 햇살만 들어오는 반 그늘에서, 바람이 잘 통하는 높은 곳에서 기른다

 야생화를 구입하러온 사람에게, 야생화를 둘 장소가 해가 잘 드는지를 물어보면, 대개가 그렇다고 대답한다. 하지만 좀더 자세하게 물어보면 그렇지가 않다. 실제로 해가 드는 시간은 한두 시간쯤인데 비해 그것을 느끼는 요즘 사람들은 해가 많이 들어오는 것으로 착각하고 있는 것이다. 심지어 거실에 잠깐 들어왔다 사라지는 해라도 오래 들어오는 것으로 알고 있다.

 햇빛이 잘 드는 곳에서 자라던 야생화라도 일단 화분에 옮겨져 집에서 기를 때는 반 그늘에서 기르는 것이 좋다. 자생지에서는 아무리 해가 들어도 그것을 견딜 수 있는 능력이 있었지만 일단 화분에 옮겨졌을 때는 사정이 다르다. 자생지에서와 같은 강한 햇빛을 견디기에는 화분 속의 흙만으로는 뿌리가 그 기능을 발휘하지 못하기 때문이다. 너무 강한 햇빛에 노출되면 잎 끝이 말라버리거나 전체가 노랗게 타들어가는 경향이 있으므로 특별히 주의하여야 한다.

음지식물도 마찬가지다. 해가 들지 않는 곳에서 자랐다고는 하지만 일단 화분에 옮겨진 이상 자생지에서처럼 살아내기는 어렵다는 얘기다. 열대우림이 없는 우리나라에서는 아무리 해가 들지 않는 곳이라 해도 어느 정도는 햇빛을 받기 마련이다. 단지 그 시간이 짧을 뿐인데, 음지식물이라고 해서 무조건 그늘에서 키우다가는 실패하기 십상이다.

경험으로 미루어보면 음지에서 살았건 양지에서 살았건 간에 일단 화분에 옮겨져 집에서 기를 때는 오전 햇살, 즉 4시간 정도 해를 받을 수 있는 장소가 가장 이상적이다.

그러나 양지식물일 경우 꽃을 피우는 봄·가을에는 1~2시간 해를 더 받는 것이 좋고, 음지식물일 경우에는 여름철에는 오전 10시까지, 봄·가을에는 11시 정도까지가 무난하다. 햇빛가리개를 달아주면 이런 문제는 쉽게 해결할 수 있다. 그러나 오후 3시 이후의 해는 어떤 식물에게도 해롭다는 것은 알아두자.

특히 아파트 베란다에서 기를 경우에는 통풍과 채광 조건을 고려하여 적어도 50~70센티 정도 높게 기르는 것이 좋다. 바람에 적당히 흔들리면서 자란 식물체는 튼튼하고 정상적인 식물로 자란다. 특히 고산식물의 경우에는 여름철의 고온 다습한 조건에 약하므로 반드시 바람이 잘 통하고 서늘한 곳에서 재배하는 것이 바람직하다.

물은 꼭 한 사람이 준다

식구들이 번갈아가며 시도때도 없이 물을 준다면, 그 식물은 머지않아 뿌리가 썩어 죽고 만다. 반대로 물주기를 서로에게 미룬다면…? 당연히 말라죽고 만다. 그러므로 물 당번을 정해 정해진 시간에 맞춰 주도록 하는 것이 좋다. 집에서 식물을 죽이는 가장 큰 이유는 물 관리에 문제가 있어서다. 물은 우선 충분히, 듬뿍 주는 습관을 길러야 한다. 물은 아무리 듬뿍 주어도 지나치지 않다. 흡수하고 남은 물은 모두 밑구멍으로 빠져나가기 마련이기 때문이다.

그러나 물의 흡수가 나쁘고 화분에 물이 그냥 고인다든지 또 건조가 더디어진다든지 하면 물주기에 더 신경을 써야 한다. 이런 화분은 물을 한꺼번에 주어 끝낼 것이 아니라 한 번 적셔주고 나서 잠시 후 다시 반복해서 물을 주어야만 물기가 충분히 스며든다. 또 물을 주어도 잘 스며들지 않는 분은 빨리 찾아내어 조치를 취해야 한다. (제3장, '5. 야생화의 수명을 결정짓는 분갈이법' 참조)

여름철의 경우 햇볕이 강한 한낮에는 물주기를 피해야 한다. 분 속에 물기가 축축하게 남아 있을 경우에는 기온의 급상승으로 물기가 더워져 뿌리를 찌들게 하는 위험이 따르게 된다. 이럴 때는 미지근한 물을 주어야 하는데, 너무 차가운 물을 주면 오히려 뿌리가 위축되어 뿌리털의 흡수작용이 움츠러들게 되므로 화분 속의 흙 온도와 큰 차이가 없는 물을 주어야 한다.

수돗물은 받아두었다가 사용하는 것이 좋다. 서너 시간 동안 햇볕에 두어 염소를 없앤 후 사용해야 하며, 햇볕을 받지 못할 경우엔 하루 정도 묵힌 물을 사용한다. 빗물을 받아두었다가 주는 것도 좋지만 너무 오래 묵혀 불순물이 생겨난 물은 사용하지 말아야 한다. 물은 항상 깨끗한 물만 사용한다.

물뿌리개는 물구멍이 되도록 가는 것을 사용하여 분 위의 흙 알갱이가 흩어지는 일이 없도록 해야 한다. 이런 점에 유의해서 여름철 물주기는 시원한 아침저녁으로 추운 겨울철에는 기온이 올라간 한낮에 주는 게 좋다. 식물의 상태와 환경에 따라 조금씩 다르겠지만, 대체적인 평균치로 본다면 봄·가을에는 1~2일에 1회, 겨울에는 5~7일에 1회, 여름에는 1일에 2회씩 물을 주는 것이 일반적이다.

4 야생화가 살기 좋은 집

햇빛이 잘 들어오는 집이라면 어떤 야생화도 기를 수 있다. 해가 잘 들지 않는 집에서는 사람도 건강하지 못하다. 다시 말해 사람이 살 만한 집이라면 야생화도 살 만하다는 것이다.

대개 사람들은 해가 잘 드는 남향집이 식물이 자라기에 적합하다고 생각하지만, 야생화를 키워보면 남향집보다는 동남향집, 다음으로는 동향집이 이상적이다.

동남향집은 이른 새벽부터 실내 깊숙이 햇살이 들어 쪼일 뿐만 아니라 정오가 지난 후에도 어느 정도의 햇빛을 받아들일 수 있다. 정남향으로 앉은 집보다 해가 들어오는 시간이 길어 야생화를 기르기에는 보다 조건이 좋다는 얘기다.

동향집은 새벽 일찍 해가 떠오르면서 햇빛이 바로 닿아 능히 댓시간 동안은 햇빛을 받을 수 있지만, 오후가 되면 완전히 햇빛이 사라져버린다. 그러나 다행히 오후 특히 석양 햇빛은 식물의 생육에 해를 줄 뿐 이로운 점이 별로 없다.

사람이 살기 좋은 집은 야생화도 잘 자란다

오전 햇빛이 충분한 동향집이라면 웬만한 야생화를 기르는 데는 큰 문제가 없다는 말이다. 야생화 중에는 숲속 그늘에서 자생하는 종류가 의외로 많고, 또 이런 종류는 반 정도 그늘지는 자리로 옮겨 가꾸어야만 건강한 생육을 하기 때문이다. 밝은 숲속에서 자생하는 야생화를 골라 가꾼다면 햇빛에 대해서만큼은 걱정을 하지 않아도 된다.

다만 생육기간 중 장시간 햇빛을 요하는 몇몇 야생화에 대해서는 별도로 알맞은 환경을 조성해주는 특별한 관리를 해줄 필요가 있다.

정남향집은 야생화 가꾸기에 있어 동남향이나 동향집보다 햇빛에 있어서는 좋은 환경이 되지 못한다.

아파트의 베란다일 경우 아래층 베란다 위에는 위층 베란다가 자리해 있어 베란다 바닥에 햇빛이 내려쬘 수 있는 시간이 짧아지고, 특히 식물이 한창 자라나는 여름철에는 태양의 고도가 높아져 대낮에는 완전히 그늘이 지는 상태가 계속되기 때문이다. 이러한 현상은 정남향으로 지어놓은 아파트의 경우 가장 두드러진다.

물론 해가 많이 들지 않는다고 해서 야생화를 못 키우라는 법은 없다. 음지식물을 키우는 방법도 있고(집에서 키울 수 있는 음지식물만도 200여 종이 넘는다), 또 인위적으로 빛을 만들어 야생화를 키울 수도 있다. 요즘은 기술이 좋아져 자연광을 내는 형광등도 있으므로 해가 모자라는 식물들 위에 달아주면 그럭저럭 잘 자란다.

아파트에서 겨울을 나는 야생화

요즘 들어 아파트에서도 야생화를 키우는 집이 부쩍 늘었다. 그런데 아파트에 사는 사람들이 일반 주택에 사는 사람들보다 야생화를 잘 죽인다.

물론 이유야 여러 가지가 있겠지만 가장 큰 이유는 적절한 습도와 통풍 그리고 햇빛 관리에 있다. 야생화가 너무 추울까봐 거실로 들여놓았다가 그만 말려 죽이기도 하는데 이는 야생화를 잘 몰라서다.

일반적으로 식물이 생육 가능한 온도 범위는 0~50도로 알려져 있고, 정상적인 생육은 15~35도 범위 내에서 이루어진다. 그러나 추운 겨울철이라 해도 찬바람이 들지 않는 아파트 베란다는 야생화가 겨울을 나기에는 더 없는 장소다. 어지간히 추워도 찬바람만 맞지 않으면 얼어 죽지 않기 때문이다. 오히려 동면기의 야생화는 춥게 키울수록 봄에 더 튼튼한 꽃대를 올린다. 아파트에서는 추위보다는 습도 조절(물 관리)을 제대로 못해

죽이는 경우가 더 많다.

또 야생화 화분을 거실이나 침실, 현관 등에 놓아둘 경우에는 최소 5일~1주일을 넘기지 않고 해를 보여준다. 특히 꽃을 피우는 수종을 햇빛을 쬐지 않고 웃자라게 두면 꽃눈이 형성되지 않을 뿐 아니라 그루만 자라 꽃을 피우지 못한다. 꽃봉오리가 생긴 경우에는 수시로 물을 분무해 건조하지 않도록 해야 한다. 습도가 충분하지 않으면 봉우리가 그대로 말라버리기 때문이다.

베란다의 습도 관리

아파트의 베란다는 대지와 단절되어 있는 상태에 놓여 있다. 때문에 공기가 매우 건조해 통풍이 잘 되는 베란다의 경우에는 화분이 빠른 속도로 마른다. 고층일수록 이런 현상이 두드러지는데, 이런 경우라면 화분이 마르는 대로 물을 줌으로써 해결될 수 있지만 집을 자주 비우는 사람들에게는 적잖은 걱정거리다.

건조에 비교적 강한 야생화라도 공기가 지나치게 건조할 때는 잎 뒤에 응애라고 불리는 일종의 거미가 생겨난다. 이 벌레는 눈에 뜨이지 않을 정도로 몸집이 작은데 잎 속의 즙을 빨아먹으면서 빠른 속도로 늘어나 다른 식물에까지 피해를 끼친다. 즙을 빨아먹은 자리는 흰빛으로 변하면서 점점 쇠약해지므로 베란다가 건조한 아파트라면 수시로 분무기로 잎에 물을 뿌려줌으로써 지나친 건조를 막아주어야 한다.

이럴 때 가장 간단한 방법은 화분 밑에 큰 접시 같은 것을 만들어 그 속에 마사토를 씻어 반 정도의 깊이로 깔고 얕게 물을 채워준다. 습도를 아주 싫어하는 야생화가 아니라면 이 방법이 가장 적절하다. 적어도 말라죽는 경우는 없다.

한 가지, 화분 바닥에 직접 물이 닿지 않게 해야 한다. 반대로 공중습도가 높고 통풍이 안 될 경우에는 진딧물이 쉽게 생겨난다.

베란다의 통풍 관리

아파트의 베란다에서 야생화를 기를 경우 또 하나의 문제가 되는 것이 통풍이다. 바람은 식물의 잎과 줄기를 건드려 각종 조직에 자극을 줌으로써 정상적인 생육을 이어 나가게 한다. 또 잎 안의 수분이 수증기로 배출되게 하는 김내기 작용을 활발하게 해 건강한 생육을 촉진시키고, 화분 속의 수분을 증발시켜 과습 상태에 빠지는 일이 없게 해주기도 한다.

이런 점에서 적당한 바람은 건강한 야생화를 기르는 데 필수 조건의 하나가 된다. 하지만 겨울철에 아파트 베란다를 열어놓을 수는 없으므로 약한 바람이 나오는 미니 선풍기를 벽에 걸어 햇빛과 함께 틀어주면 좋다.

야생화의 적, 유리창

요즘 아파트 베란다 유리는 자외선을 차단하는 코팅막이 처리되어 있다. 사람들에게는 이로울지 몰라도 야생화에게는 땅을 칠 노릇이다. 자외선은 식물의 조직을 튼튼하게 해주는 작용을 하는데 코팅된 유리 안쪽에 있는 야생화는 살아가는 데 꼭 필요한 광선을 쬐지 못해 콩나물처럼 키만 커지고 약해져 정상적인 생육이 어렵기 때문이다.

필요한 광선을 제대로 받지 못해 식물이 웃자라게 되면 병충해의 피해를 입기 십상이다. 그러므로 아파트 베란다에서 야생화를 가꿀 때에는 이런 유리를 설치하지 말아야 하며, 설치되어 있는 유리를 바꾸어야 튼튼하고 보기 좋은 야생화를 가꿀 수 있다.

야생화는 자연 그대로의 환경 속에서 가꾸어야만 정상적인 생육과 짜임새 있는 외모를 갖추고 아름다운 꽃을 피운다. 자연스럽지 못한 가정 환경에서 아름다운 야생화를 가꾸고 즐기자면 보다 나은 환경을 만들어주려는 최소한의 노력이 필요하다. 욕심을 부린 만큼 대가는 지불해야 하기 때문이다.

들꽃 세상 우리집 3

1 야생화를 아름답게 가꾸기 위한 준비물

야생화를 잘 가꾸기 위해서는 몇 가지 도구들이 필요하다. 도구는 집을 짓는 목수의 연장과 같고, 생명을 다루는 의사의 수술 도구와도 같다. 적절한 도구의 사용은 야생화를 더욱 값지게 가꿀 수 있기 때문에 많이 키워본 사람일수록 도구에 신경을 쓰는 편이다. 없어서는 안되기 때문이다.

시중에서 판매하는 도구들은 목수들 연장처럼 더 정교하고, 가짓수도 많아졌다. 수십 가지가 넘는 도구들은 그때그때 쓰임새에 따라 구입해도 늦지 않다.

하지만 일단 야생화를 기르려고 마음먹은 사람이라면 기본적인 도구 몇 가지는 준비하는 것이 좋다. 물론 삽 같은 경우에는 스테인리스 재질로 된 튼튼한 것을 구입하면 좋지만 재활용품을 이용해 얼마든지 만들어 쓸 수도 있다. 일테면 쓰고 버린 세제병을 비스듬히 자르면 흙을 퍼 담는 도구로 쓸 수 있고, 실증난 숟가락을 오그려 모종삽처럼 만들면 작은 화분을 분갈이할 때 요긴하게 쓰인다.

꼭 필요한 도구

철사 분재용이지만 야생화 줄기에 감아 모양을 잡을 때 쓴다. 가는 것에서부터 굵은 것까지 다양하고, 알루미늄 철사가 일반적이다.

삽 야생화를 심거나 옮겨 심을 때, 또 흙을 배합할 때 쓰인다. 녹이 슬지 않는 스테인리스 제품이 일반적이다. 동(銅)으로 만든 작은 삽은 분경을 꾸미거나 작은 화분에 야생화를 심을 때 유용하게 쓰인다.

가위 가지를 자를 때나 싹을 자를 때, 필요 없는 줄기나 잎, 뿌리를 자를 때 쓰이는 대표적인 도구이다.

핀셋 뿌리흙을 털어내거나 꽃봉오리를 제거할 때 이용하면 좋다. 한두 개 준비해두면 무척 요긴하게 쓰인다

체 가루흙을 제거하는 데, 흙알갱이를 분리할 때 쓰인다.

망 화분 밑바닥으로 흙이 빠져 나오는 것을 방지하기 위해 쓰인다. 간혹 망의 구멍이 막힌 것이 있으므로 주의한다.

갈쿠리 흙을 털어낼 때, 덩치가 있는 화분의 분갈이를 할 때 쓰인다.

분무기 잎에 물을 뿌려 습도를 높일 때, 물을 줄 때, 또는 약제를 살포할 때 쓰인다. 손잡이가 있는 분무기는 잎 뒷면에 살포할 때 적합하다.

물뿌리개 물줄기가 가늘고 부드럽게 나오는 것이 적합하다.

화분

집에서 야생화를 키워보겠다고 마음먹고 야생화 하나를 구입했는데, 심어 가꿀 화분이 너무 비싸 적당히 값나가는 싸구려 화분에 옮겨 심어 길렀다. 그런데 얼마 후 아름답던 꽃이 지자 화분의 야생화는 애물단지의 잡초를 닮아버렸다. 자연스레 주인의 관심이 시들해지자 그 야생화도 덩달아 시들어 죽어버렸다.

그리고 얼마 후 예전 것보다 더 예쁜 야생화를 발견하고, 예전에 구입했던 화분에 옮겨 심으려고 찾아보았지만 온데간데없다. 이미 쓰레기통에 버리고 없어 다시 비슷한 화분을 구입해 옮겨 심었다. 옮겨 심은 야생화가 잘 자라준다면 문제가 없겠지만 싸구려 화분치고 야생화가 잘 살 만한 화분은 드물다. 그만큼 화분으로서의 기능이 떨어진다는 것이다.

야생화 화분은 어딘가 달라야 한다

집에서 기르는 야생화 화분은 어딘가 달라야 한다. 왜냐하면 똑같은 야생화라도 어떤 화분에 심어놓느냐에 따라 관상 가치가 크게 달라지기 때문이다. 게다가 야생화의 분은 야생화를 오래오래 키울 수도, 금새 죽일 수도 있을 만큼 중요하다. 그래서 야생화를 오래 길러본 사람들은 야생화 욕심보다 오히려 야생화를 담을 화분에 더 욕심을 두는 사람이 많다.

요즘에는 야생화 분을 직접 빚어 굽는 사람들이 의외로 많아졌는데, 시중에서 판매하는 분이 비싸기도 하지만 마음에 꼭 들지 않기 때문이다. 세상에 단 하나밖에 없는, 자신의 개성으로 빚은 분에 야생화를 담으려는 노력은 야생화의 가치를 더 빛내준다.

어떻게 만들어야 하나

요즘에는 도자기를 취미로 배우는 사람들이 많은데 조금만 배우면 멋스러운 도자기 화분을 초보 수준에서나마 만들 수 있게 된다. 일반 도자기 공방에서 구운 화분은 다 완성되었을 경우 무게를 달아 값을 계산하는데 대개 1킬로그램에 5천~7천 원 선이다. 흙과 유약 값은 따로 받는 곳도 있고 그렇지 않은 곳도 있다. 그래도 화분 가게에서 비교적 비싼 분 한 개 구입할 돈이면 몇 개를 구울 수가 있다. 단 시간이 많이 걸린다는 단점이 있다.

야생화 화분을 만드는 데는 정답이 없다. 동그랗게, 네모나게, 길쭉하게, 잘록하게, 앙증맞게 모양과 색상은 빚는 사람 마음이다. 그러나 아무리 색상과 모양이 뛰어난 화분이라도 식물이 생육하는 데 지장이 없어야 한다. 모양과 색상은 창의성을 발휘할 수 있지만 좋은 화분으로서의 기능을 갖추려면 몇 가지 꼭 지켜야 할 것이 있다.

분을 만들 때 가장 중요하게 고려해야 할 점은 물 빠짐과 뿌리에 맞는가이다. 화분이 깊으면 배수 구멍이 커야 하고, 반대로 분이 낮으면 구멍이 좀 작아도 된다. 일반적으로 분의 크기가 너무 크지 않은 것이 좋고, 안쪽 면에는 유약을 칠해서는 안 된다. 또 분 색깔이 너무 화려하면 상대적으로 꽃이 그 빛을 잃는다.

굽에 공기가 통할 수 있게 만든 화분. 물 빠짐과 통풍이 잘 된다. 굽이 없어 바닥에 밀착되는 화분은 물이 잘 빠지지 않아 뿌리가 썩기 십상이다.

옆구리가 주둥이보다 넓은 화분은 갈아심기를 할 때 여간 불편하지 않다. 뿌리가 꽉 차 있을 때는 화분을 깨지 않는 한 뿌리를 상하게 할 수밖에 없다. 뿌리가 빨리 자라는 것을 심을 때는 특히 고려해야 한다.

물구멍이 화분에 비해 너무 작다. 이렇게 물구멍이 작으면 머지않아 구멍이 막혀 물이 잘 빠지지 않아 결국 식물이 죽게 된다.

야생화를 심는 여러 가지 화분들. 야생화를 심는 화분이 따로 정해져 있지는 않지만 야생화를 돋보이게 하고 잘 자라게 하려면 잘 선택해야 한다.

가정에서 키우는, 특히나 한정된 화분에서 키우는 야생화의 경우에는 사용하는 흙의 좋고 나쁨에 따라 야생화가 잘 자라기도 하고 금새 죽기도 한다. 수분과 양분 공급의 원천인 동시에 뿌리의 성장에 중요한 구실을 하는 '생명'이기 때문이다. 용토의 선택에 신중을 기하지 않을 수 없는 이유이다.

흙의 종류

돌꽃토 : 가정에서 야생화를 분 재배하는데 가장 이상적인 흙이다. 화산석을 으깬 알갱이에 세라믹과 산모래를 적절히 배합해 만든 용토로, 배수와 통기성이 뛰어나면서 보습능력이 월등해 뿌리가 쉽게 마르거나 썩지 않는다.

한가지 거름성분이 없어 꽃을 여러 송이 볼 경우에는 거름을 따로 해 주어야 한다.

야생화 분 재배를 위해 특별히 만든 흙으로, 시중에서 구하기는 어렵고 야생화 전문점 등에서 구할 수 있다.

배양토 : 농장에서 식물을 재배할 때 사용하는 배양토는 식물을 빠르게 기르기 위한 용토로, 관엽식물을 기르거나 분갈이 하는데 많이 사용한다. 그러나 식물을 길러본 경험이 없는 사람, 특히 식물의 환경이 제한적일 수밖에 없는 가정에서는 뿌리가 쉽게 마르거나 썩는 경우가 대부분이다. 야생화를 화분에 담아 기르는 목적으로는 사용하지 않는 것이 좋다.

마사토 : 화강암이 풍화작용을 하면서 생겨난 알갱이 흙으로 황갈색 색깔을 지녔다. 화분가게 등에 가면 쉽게 구할 수 있다. 물 빠짐이 좋은 마사토는 까다로운 고산식물 재배에나 소나무 분재를 기르는데 적합하고, 증식에도 좋은 성과가 있다. 화분의 크기, 야생화의 종류, 관리 방법 등에 따라 보습성이 좋은 다른 흙과 섞어 사용하도록 한다.

목탄 참나무 등의 목재를 구워서 만든 숯으로 입자가 큰 것을 그대로 사용하기도 하고 잘게 부수어 흙에 혼합해 사용하기도 한다. 수분 유지 능력과 통기성이 뛰어나고 유해물질을 제거하는 데 좋다. 하지만 너무 오랫동안 사용했을 경우에는 오히려 통기성이나 병균 등의 부작용이 있을 수 있다.

물이끼 산에서 채취한 이끼를 말려서 조제한 것으로 수분 유지 능력이 좋고 가벼우며 통기성이 뛰어나다. 충분히 물을 흡수시킨 후에 꺾꽂이용으로 사용하거나 난과류의 자생식물을 재배하는 데 사용한다. 이끼 안에는 비료 성분이 거의 없으므로 필요 시에는 인위적으로 시비를 해야 한다.

부엽토 참나무류 또는 단풍나무, 느릅나무, 플라타너스 등의 낙엽을 흙과 함께 퇴적하여 발효시킨 것으로 다른 흙과 적당히 혼합하여 쓴다. 비료 성분도 지니고 있을 뿐만 아니라 토질의 물리·화학적 성질도 개량할 수 있다. 적어도 1년 이상 지난 것을 사용하는 것이 안전하며 잡초 종자나 각종 병해충이 잠복해 있을 가능성이 높으므로 햇볕에 소독을 한 다음 사용하는 것이 바람직하다. 시중에서 낱봉으로 구입할 수 있다.

기타 수입 흙 이밖에도 일본 등지에서 수입되는 적옥토, 녹소토는 보습성이 뛰어나 수분을 좋아하는 야생화를 재배할 때 돌꽃토와 섞어 사용하면 좋고, 후지토는 화산석을 가루낸 용토로 돌꽃토에 섞어 쓰면 시간이 지나도 돌꽃토가 굳는 것을 방지할 수 있다.

적옥토

생명토

녹소토

후지토

적옥토와 녹소토는 그 성분과 성질이 비슷하지만 용토의 색깔이 붉은 색과 황록색이어서 그렇게 구분지어 부르고 있다. 산성기를 띠는 게 특징이다. 산성 토양에서 자생하는 야생화 분갈이 용으로 적합하다. 생명토는 흑갈의 점질토로 보습성은 뛰어나지만 통기성은 좋지 않다. 조경 공사 등을 할 때 밑거름으로 주로 사용하기도 하지만 야생화 재배 시에는 석부작 용토로 더 많이 사용하고 있다.

야생화가 좋아하는 흙

야생화가 잘 자라는 흙은 몇 가지 조건을 갖추고 있다.

첫째, 보수력이 있어야 한다. 수분은 식물 생체의 70~90퍼센트를 차지하고 있을 뿐 아니라 거름을 주지 않고 물만 주어도 80퍼센트의 생장을 도모할 수 있을 정도다. 그러므로 야생화를 화분에서 기를 때는 수분 유지, 즉 보수력이 좋은 흙을 사용해야 한다.

둘째, 통기성이 좋아야 한다. 식물의 뿌리는 일정량의 산소가 흙 속에 포함되어 있어야만 정상적인 생장 활동을 하게 된다. 그런데 사용하는 흙에 가루가 많이 섞여 있으면 흙 알갱이 사이의 틈이 비좁아 공기를 많이 품지 못하게 된다. 이는 뿌리의 호흡 곤란을 가져오기도 하는데, 산소의 양이 적어지면 양·수분의 흡수도 현저하게 줄어드는 결과를 초래하게 되어 식물이 쇠약해지는 원인이 된다.

야생화를 기르는 데 가장 좋은 흙은 적당한 크기의 흙 알갱이

틈 사이로 넉넉한 공기가 포함되어 있어 물이 40퍼센트, 흙이 30퍼센트, 공기가 30퍼센트 정도의 비율로 이루어진 흙이어야 한다.

물론 이것은 물주기를 했을 당시의 상태이고, 시간이 흐르면 이 비율은 변하게 된다. 물이 차지하는 비율이 낮아지면 건조 상태가 되고, 다시 물주기를 하면 이런 비율이 이루어지는 반복의 연속에서 식물이 살아가는 것이다.

셋째, 물 빠짐이 좋아야 한다. 화분에 물을 주어도 물이 잘 빨려들지 않고 화분에 그냥 고여 있다든지 하면 뿌리 호흡이 곤란해져 결국 뿌리가 썩는다. 물이 잘 빠지지 않으면, 산소가 적어도 잘 사는 토양의 미생물 활동이 왕성해지면서 뿌리에 해로운 물질이 번성해 마침내 뿌리를 썩게 한다.

따라서 물을 줄 때마다 신선한 공기가 계속 공급될 수 있도록 물 빠짐이 시원스럽게 잘 이뤄지는 흙을 사용해야 한다. 밀가루와 같은 미립자의 밭 흙 따위보다 알갱이로 이뤄진 용토를 써야 하는 이유가 여기 있다.

넷째, 균이 없어야 한다. 한 번 사용했던 흙은 흙 알갱이가 부스러져 물 빠짐을 불량하게 하고, 또 균이 침투했을 가능성도 높다. 더구나 영양분도 모두 소진돼 죽은 흙이라 할 수 있다. 그래서 갈아 심을 때에는 반드시 새 흙을 써야 한다.

새로운 흙이라 할지라도 만일을 생각해서 햇볕에다 골고루 얇게 펴서 소독한 다음 사용하는 것이 안전하다.

거름

화분에 물을 줄 때마다 흙 속의 양분은 유실된다. 어느 정도 시간이 지나면 거의 소멸 상태에 이르고, 결국 식물이 살아가는 데 필요한 최소한의 양분도 남아 있지 않게 된다. 특히 한정된 분 속에서 더구나 물 빠짐이 좋은 마사토에 심어진 야생화는 그 정도가 심한 편이다.

앞에서도 말했듯이 야생화는 거름을 너무 주면 크게 자라 관상 가치가 떨어진다. 그렇다고 거름을 주지 않으면 건강한 야생화로 가꿀 수도 없다. 이래저래 고민을 할 수밖에 없는 게 거름주기인데, 식물의 생육에 필요한 3대 요소인 질소·인산·칼리를 중심으로 칼슘·마그네슘·효소, 기타 미량 요소를 적절히 보충해주는 것이 튼튼한 야생화를 기르는 방법 중 하나다.

거름의 성분

질소   질소는 잎을 크게 자라도록 하는 작용을 해 흔히 잎거름이라고 하지만 뿌리, 열매 등 식물체의 모든 부분에 없어서는 안 될 요소이다. 질소가 결핍되면 잎의 색채가 연해지고, 묵은 잎부터 누렇게 변한다. 아울러 생육 상태가 떨어져 잎은 작아지며 줄기는 가늘어지고, 곁가지도 적게 퍼진다.

반대로 질소를 너무 많이 주면 잎이 얇고 넓어지며 가지가 약해지는 동시에 성숙이 늦어져 개화와 결실이 나빠지고 연약해져 추위나 병의 피해를 쉽게 받는다. 대표적인 질소 비료에는 깻묵, 퇴비 등이 있다.

인산   인산은 세포 분열을 활발하게 하고 뿌리, 줄기와 꽃의 수를 증가시키며 열매도 많이 맺게 한다. 그래서 흔히들

꽃거름 또는 열매거름이라고도 한다.

인산이 부족하면 뿌리, 줄기, 잎의 양이 감소하고 잎의 색깔은 생기가 없으며 혹은 잎이 보라색으로 변하는 경우가 있다. 더욱이 성숙이 늦어져 개화 상태도 나빠진다. 쌀겨, 계분, 골분에 많이 함유되어 있다.

칼륨(칼리) 칼륨은 식물의 광합성(탄소동화작용)에 영향을 미친다. 햇볕의 양(일조량)이 적은 조건에서 거름 효과가 높다.

주로 뿌리를 실하게 한다 하여 뿌리거름이라 한다.

칼리는 탄수화물의 축적량을 높이고 세포막을 두텁게 하며, 줄기·잎을 튼튼하게 할 뿐만 아니라 병해에 대한 저항성이나 내한성을 높여준다. 나뭇잎이나 볏짚을 검게 태운 재에 다량 함유되어 있다.

칼슘 칼슘은 세포조직 구성상 불가결한 성분으로서 원형질의 기능 유지에 필요하며 광합성물의 순환이나 대사 과정에서 생성되는 유기산을 중화시키는 작용을 하고 있다. 칼슘이 결핍되면 새 잎의 끝이 회백색 혹은 황백색으로 변하여 결국은 시들어 죽게 된다.

마그네슘 마그네슘은 엽록소(잎파랑이)를 구성하는 중요한 성분이다. 또 식물체 내의 여러 가지 효소를 활성화시키는 작용을 한다. 마그네슘이 결핍되면 잎맥과 잎맥 사이에 황화현상이 나타난다. 황화현상은 처음에는 묵은 잎에 일어나다가 점차 위쪽의 다른 잎으로 퍼진다.

거름의 종류

덩이거름 깻묵에 골분, 어분 등을 섞어 발효시켜 동그랗게 빚은 고형비료. 질소분이 많다.

마캄푸 K 인산분이 많은 화학비료. 비료의 효과는 6~7개월 정도이다.

덩이거름

하이포넥스 효과가 빠른 비료로 액체와 분말형이 있다. 모두 물에 희석시켜 사용하는데 직접 뿌리로 흡수되므로 너무 잦은 시비는 피해야 한다. 비료의 효과는 10일 이내로 짧다.

계절마다 다른 거름주기

거름은 계절마다 달리 주어야 한다. 계절에 따라 습도, 온도, 통풍 상태가 다르기 때문인데, 거름의 효과 또한 이러한 외적 조건에 따라 달리 작용하기 때문이다.

거름주기의 목적은 분토 내에 부족한 영양분을 보급하고 식물의 순조로운 생육을 유지시키는 데에 있다. 그러나 해로움이 되는 수도 있다. 어린 묘일 때는 생육이 왕성하더라도 거름의 농도가 짙은 것에는 매우 약하다. 그러므로 될수록 연한 물거름을 자주 주는 것이 바람직하지만 병충해로 약해진 나무, 뿌리가 상한 나무, 오랫동안 비를 맞은 나무는 거름을 주어도 효과가 없다.

봄 봄철은 모든 식물이 분갈이하는 시기이다. 이때는 거름기가 천천히 풀리는 완효성(효력이 느린 성질) 거름을 분 밑바닥에 약간 넣어준다. 분갈이를 하지 않는 것은 눈이 움직이기 시작하면서 묽은 물거름을 주기 시작한다.

기온이 상승하면서 생육이 활발해지면 깻묵, 덩이거름과 물거름을 병용해서 덧거름을 충분히 주어야 한다. 복수초나 얼레지같이 기온이 상승하면 일시적으로 활동을 중지해 휴면에 들어가는 식물은 그 짧은 활동 기간에도 거름주기는 해야 한다.

여름 장마철로 접어들면 햇볕 부족으로 식물이 연약해지기 쉽다. 또 과습과 온도의 상승에 의해 수분 증산이 많기 때문에 거름기가 농축되어 장해를 일으키기 쉬우므로 주의를 요한다. 이때는 주었던 덩이거름도 거두어야 한다.

특히 여름철에 약한 고산식물은 뿌리가 썩기 쉬우므로 기온이 높아지면 뿌리에 주는 거름을 삼가고 대신 필요에 따라 잎에만 거름주기를 행한다.

그러나 들국화 종류는 초여름부터 한여름 동안 충분히 거름을 주어서 꽃눈의 분화가 이뤄질 때까지 포기를 늘려놓아야만 가을에 좋은 꽃을 볼 수 있다.

가을 다시 거름주기를 실시하여 여름철의 피로와 영양 소모를 회복시켜주도록 힘쓴다. 가을철의 거름은 질소분을 억제시키고, 인산·칼리분이 많은 거름으로 바꾸어 충실한 겨울눈[冬芽]을 만들기에 힘쓴다. 겨울이 가까워지고, 추위가 심해지면 거름주기를 중지한다.

겨울 겨울은 식물의 휴면기(겨울잠)로서 거름주기를 중지해야 한다. 단, 겨울에도 활동하는 식물은 묽은 물거름을 가끔씩 주도록 한다. 또 따뜻한 실내에서 키우는 개량종 야생화는 그 시기를 가리지 않아도 된다. 다만 갈아 심기 이후의 관리가 성패를 좌우한다.

약제

진딧물같이 식물에 해를 미치는 해충은 너무 작아 좀처럼 발견하기 어렵다. 병해충 중에는 백색이나 회색곰팡이병과 같이 잎이나 줄기에 발생하는 종류가 있고, 연부병과 같이 흙 속에 침투해 뿌리에 해를 끼치는 종류도 있다.

이미 병충해를 입었다면 되도록 빨리 피해 부분을 제거한 후 살균제를 뿌리는 것이 좋다. 살충제는 1번 살포하는 것만으로도 상당한 효과가 있으나 한 번에 많은 양을 살포하는 것보다 3~4일에 걸쳐 2~3번 반복해서 살포한다. 또 같은 약품만을 계속 사용하면 저항력이 생겨 약효가 떨어지므로 3번 정도 같은 약을 사용한 다음에는 다른 약제를 사용하는 것이 좋다.

살균제

다이센엠-45 수화제 모든 원예 작물에 사용하는 탄저병 방제용 종합 살균제다.

베노밀 수화제 잿빛곰팡이병의 예방 및 치료 살균제. 탄저병, 흰가루병, 갈반병 등 적용 범위가 넓다.

더마니 수화제 반점병, 흰가루병, 잿빛곰팡이병의 예방 및 살균제.

살충제

코니도 수화제 진딧물 방제 전문 및 깍지벌레, 총체벌레용 종합 살충제. 약효 지속기간이 길다.

아테릭 유제 진딧물 방제 및 초화류와 분재류에 주로 쓰이는 살충제이다.

수프리사이드 유제 응애류, 진딧물 방제용 살충제이다. 합성 살충제로 접촉독 및 소화중독에 살충 효과가 나타난다. 속효성이며 잔효 기간이 길다.

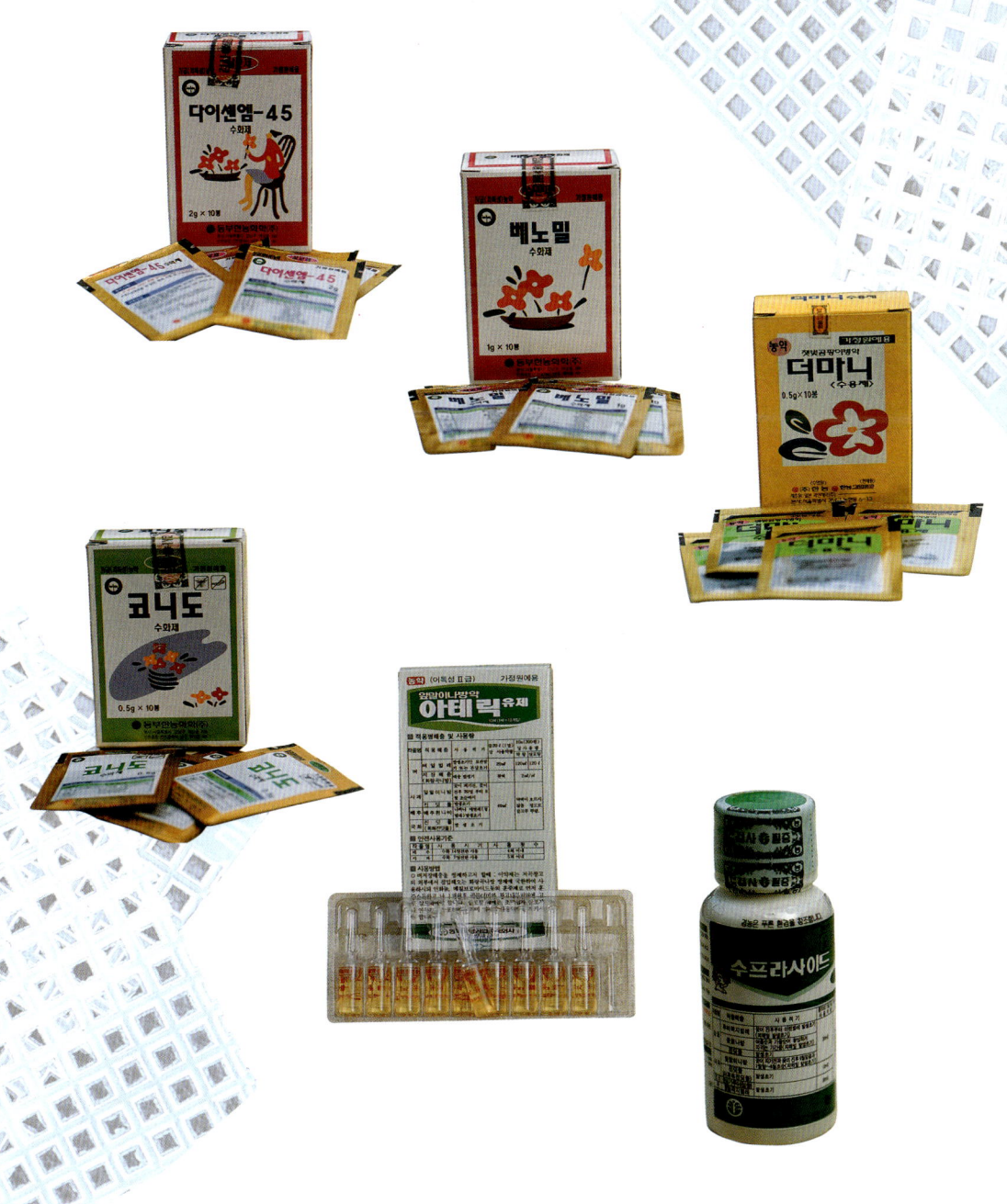

1 야생화를 아름답게 가꾸기 위한 준비물

2 길가에 핀 야생화 우리 집 베란다로 옮기는 법

이제 야생화를 시작하는 사람들 중에는, 의외로 잡초 같기만 한 야생화 값이 너무 비싸다고 생각하는 경우가 많다.

실제로 야생화 전문점엘 가면 종류에 따라서는 싼 꽃이 더러 있기는 하지만 대체적으로 비싼 종이 더 많은 편이다. 그렇다고 비싼 야생화가 더 오래 살고, 꼭 예쁘다고는 할 수 없다. 오히려 길가에서 짓밟히며 크는 잡초 같은 야생화가 더 질기고, 또 보는 이에 따라서는 더 예쁠 수도 있다.

이런 생각을 갖고 있는 사람이라면, 더구나 경험이 없는 사람이라면, 제대로 살지도 모르는 야생화를 굳이 비싸게 사서 키우지 않아도 된다. 생명력 질기고 예쁜 야생화가 우리 주변에 지천으로 널려 있기 때문이다.

잔디밭에서 잡초 취급을 받으며 꿋꿋이 자라는 봄맞이, 제비꽃 등 마음에 드는 풀꽃 한두 뿌리 정도 캐어다 자신이 구운 화분에 담아 예쁘게 키워보는 것도 큰 즐거움이다.

잡초도 집에선 야생화로 변한다

우리나라에서 야생화를 채취하는 시기는 새로운 눈이 틀 때인 봄에 하는 것이 가장 좋다. 또 비가 오는 날에 채취를 하면 뿌리가 말라죽는 경우가 적다.

1년생 초본류의 경우에는 채취 시기가 너무 늦어지면 꽃이 제대로 피지 않고, 피었다 해도 열매를 맺지 않으므로 종자를 받기 어렵다. 하지만 여러해살이나 구근류인 경우에는 대체로 시기에는 크게 구애받지 않는다. 다만 양분이 부족하면 이듬해 꽃이 피지 않는 수가 있으므로 양분이 충분히 저장된 늦가을에서 이른봄에 채취하는 것이 효과적이다.

야생화를 채취할 수 있는 적당한 장소로는 앞으로 파괴될 현장이 좋다. 이를테면 개발에 따른 토지 구획지나 대규모 공사장 부지, 스키장 건설 예정지, 골프장 건설지, 댐 수몰지구, 간척지 주변 야산, 경지 정리 지구 같은 곳은 전국 어디서든 쉽게 볼 수 있다.

이런 곳은 머지않아 불도저가 야생화들의 터전을 밀어버릴 것이기 때문에 얼마든지 야생화를 채취해도 된다. 야산이나 들판 또는 하천 주변에서 쉽게 접할 수 있는 야생화들은 대부분 농부들이 기르는 작물의 성장에 방해를 주는 잡초(?)일 가능성이 많다. 특히 잔디밭을 가꾸는 아파트에서는 잔디를 못살게 군다는 이유로 잔디밭에 핀, 봄맞이 · 민들레 · 씀바귀 · 제비꽃 같은 야생화를 잡초처럼 뽑아버리기 때문에 그런 곳에서라면 얼마든지 야생화를 신나게 채취할 수가 있다.

채취한 야생화의 이름을 모를 땐 이름을 알아낼 때까지 임시로 강아지 이름 붙이듯 지어 불러도 좋을 듯싶다.

야생화를 채취할 때는 종의 개체 수가 많은 것 중에서 고른다. 가능하면 척박한 토양에서 제대로 생육하지 못하여 줄기나 잎이 부실한 개체를 골라 채취한다. 이런 것은 환경 적

응력이 좋아 채취해다 집에서 길러도 생육이 순조롭다. 반대로 자생지의 환경 조건이 좋은 곳에서는 식물체의 생육이 왕성하고 모양도 좋다. 그러나 이런 것을 채취하면 뿌리의 회복이 나빠 잘 자라지 못해 결국 시들어버리고 만다.

잔디밭의 잡초, 우리 집 야생화로 캐어올 때

채취하는 방법은 우선 꽃삽이나 호미 등으로 식물 주위를 직경 약 5센티 정도로 파내려간다. 식물의 종에 따라서는 굵은 직근이 깊게 발달되어 있는 경우도 있으므로 이때는 적어도 10센티 이상 파야 될 때도 있다.

민들레나 뻐꾹채 등과 같이 뿌리가 굵고 길게 자라는 식물들은 굵은 주근(원뿌리) 상부에 발달한 잔뿌리가 다치지 않도록 조심스럽게 채취한다. 뿌리가 얕게 분포되어 있는 식물은 뿌리를 조심스럽게 정리하고 땅 위의 줄기나 잎을 적당히 잘라내어 이식하면 된다. 길게 자라는 뿌리는 식물에 따라 다를 수 있으나 대개의 경우 약 5센티 정도를 남기고 나머지는 깨끗이 잘라버린다. 뿌리를 잘랐으면 그에 비례해서 지상부도 제거하는 것이 좋다. 그러나 식물의 형태와 길이가 다양하므로 채취할 때는 반드시 잎이 붙어 있는 줄기의 마디를 적어도 두세 마디는 남겨두어야만 새로운 눈이 쉽게 돋아난다.

채취한 식물은 뿌리가 마르지 않도록 바로 습기가 있는 신문지나 타월, 이끼 또는 물에 적신 티슈 등으로 감싼 후 비닐봉지에 넣는다. 돌아와 반드시 거름기가 없는 마사토로 적절하게 심은 후 그늘에서 일주일 정도 두어야 한다. 뿌리가 부상을 입어 회복할 시간이 필요하기 때문이다.

화분에 심는법

옷이 날개라는 말이 있다. 이 말은 야생화 기르기에도 그대로 적용된다.
아무리 미운(?) 야생화라도 어떤 화분에, 어떻게 심느냐에 따라 크게 달라지기 때문이다.
야생화를 더 예쁘게 심기 위해서는 몇 가지 알아두어야 할 것이 있다.
우선 화분을 고를 때는 잎이나 줄기, 꽃 색깔과 어울리는 화분을 골라야 한다.
잎이나 줄기가 모두 녹색인데 화분까지 녹색이라면 야생화의 자태가 드러나지 않는다.
그렇다고 너무 화려한 화분도 야생화가 드러나지 않는다. 어디까지나 화분은 야생화를
더욱 돋보이게 하면서 생육에 지장이 없는 것으로 골라야 한다.
화분의 크기나 높이도 중요하다.
덩굴성의 야생화는 화분의 크기나 높이에 상관없이 심어서 높은 곳에 올려놓으면
무난하지만 일반적인 야생화는 황금비율을 적용하는 게 좋다.
그러니까 야생화의 높이가 15센티면 화분의 높이는 대략 5~7센티 정도가 무난하다는 얘기다.

노루귀

준비물
화분, 마사토, 생명토, 녹소토, 부엽토, 이끼.

1. 야생화 전문점에서 판매하고 있는 노루귀. 야성을 순화시킨 종이어서 일반 가정에서도 쉽게 기를 수 있다. 이런 물건을 고를 때는 우선 꽃대가 웃자라지 않은 것으로, 뿌리가 꽉 찬 것으로 고른다.

2. 포트분을 벗겨낸 다음 흙을 털어내고 뿌리를 다듬는다. 워낙 생명력이 강한 놈이어서 어지간히 뿌리를 잘라내더라도 죽는 일은 없다.

3. 화분 깊이에 맞춰 가위로 뿌리를 적당히 자른다. 너무 짧게 자르거나 뿌리를 잡아당기는 것은 좋지 않다.

4. 화분은 뿌리가 넉넉하게 들어가는 것으로 고른다. 마사토, 녹소토, 생명토를 각각 적당 비율로 섞어 뿌리 사이사이에 골고루 들어가도록 심되, 거름기가 많은 흙은 조금만 섞는 게 좋다.

5. 이끼로 마무리를 하면 보기도 좋지만 물이 빨리 마르는 것을 방지하는 역할도 한다. 돌꽃토로만 심으면 물 빠짐이 너무 좋아 바쁜 사람들에게는 물 관리가 어렵다.
비교적 물기를 오래 머금고 있는 생명토와 녹소토를 섞어 쓰면 금새 물이 마르는 것을 방지할 수 있다.

6. 색깔별로 여러 촉을 같이 심는 것이 보기에도 좋다. 꽃이 피기 시작하면 햇빛이 잘 들어오는 곳에 둔다. 키우는 장소에 따라 꽃이 더 빨리 피고 진다.

기르기 포인트 | 추위에 강하므로 햇빛은 잘 들되, 너무 따뜻한 곳에 두지 않는 게 좋다. 꽃이 금방 떨어지기 때문이다. 또 너무 해가 들지 않으면 꽃대가 웃자라 관상가치가 떨어지고, 꽃도 피다가 만다.
꽃이 지고 난 다음에 노루귀처럼 생긴 잎이 나오기 시작해 늦여름쯤에 고사하고, 다시 봄이 되면 꽃을 피우는 일을 반복하는 여러해살이 식물이다.

깽깽이풀

준비물
화분, 마사토, 녹소토, 생명토, 부엽토,
돌멩이, 이끼.

1. 깽깽이 뿌리는 수염뿌리다. 화분에 옮길 경우 화분 깊이에 맞추어 가위로 뿌리를 자르되, 너무 짧게 자르는 것은 좋지 않다. 뿌리를 많이 잘랐을 경우에는 3~5일 정도 해가 들지 않는 그늘에서 움직임 없이 둔 다음 제자리를 찾아주는 것이 안전하다. 몸살에 대비하기 위해서다.

2. 수분 유지 능력이 좋은 녹소토, 부엽토, 생명토를 돌꽃토에 섞어 뿌리 사이사이에 골고루 들어가도록 심되, 거름기가 너무 많은 흙은 섞지 않는게 좋다.

3. 앙증맞은 화분에 깽깽이 한 촉을 옮겨놓는 것도 좋지만, 뿌리를 묻을 때 돌멩이 하나와 어울리게 심어놓으면 깽깽이의 관상 가치가 또 달라 보인다.

4. 화려한 깽깽이풀. 꽃이 예쁜 대신 꽃이 피어 있는 기간이 다른 야생화에 비해 짧다. 깽깽이는 한 촉보다는 여러 촉을, 깊은 화분보다는 넓은 화분에 심는 것이 좋다. 또 해가 조금 덜 드는 곳에 두고 키우는 것이 좋다. 물은 화분의 흙이 마르기 전에, 촉촉한 상태를 유지시켜준다.

기르기 포인트 | 노루귀와 마찬가지로 햇빛은 잘 들되 너무 따뜻한 곳에 두지 않는 게 좋다. 잎이 지는 7월경이면 흙이 바싹 마르기 전에 물을 준다. 봄이 될 때까지는 해가 덜 드는 곳에 두어도 무방하다. 해가 갈수록 뿌리가 커지고, 커진 뿌리에서 작년보다 더 많은 꽃들이 무더기로 핀다.

2 길가에 핀 야생화, 우리 집 베란다로 옮기는 법

천남성

준비물

넓고 낮은 화분, 돌꽃토, 녹소토, 부엽토, 이끼, 제주석.

1. 넓은 화분에 돌꽃토와 녹소토, 부엽토를 적당 비율로 섞어 넣고 물을 뿌려 흙을 다진다.

2. 천남성과 어울리게 돌로 모양을 낸다. 삐죽삐죽 천남성만 심어놓는 것보다 훨씬 보기 좋기 때문이다.

3. 뿌리가 다치지 않게 조심스레 배양토를 털어낸다.

4. 돌과 돌 사이에 천남성을 보기 좋게 심는다. 너무 얕게 심으면 흔들리기 때문에 가능하면 깊게 심는다.

5. 천남성은 여러 개를 한꺼번에 심는 게 보기에 좋다. 단, 너무 빽빽하게 심는 것은 좋지 않다. 잎과 줄기가 더 커질 것을 생각해서 알맞

게 심는다. 심은 후에는 이끼로 표면을 마무리해주는 것이 좋다. 항상 촉촉한 상태를 유지할 수 있기 때문이다.

6. 꽃이 핀 천남성. 천남성은 꽃이 피어 있는 기간이 여느 꽃들보다 긴 편이다. 서늘한 곳에서는 한 달 이상 가는 것도 있다. 꽃이 시들더라도 꽃대를 자르지 말고 그냥 그대로 둔다. 가을에 잎이 말라갈 때쯤 콩알만한 붉은 열매가 개구리 알처럼 한 움큼 열린다. 맹독성이므로 아이들이 먹지 않도록 주의해야 한다.

기르기 포인트 | 집에서 천남성을 키우려면 한두 개보다는 여러 개를 한꺼번에 모듬으로 심어 키우는 게 물 관리도 그만큼 편하다. 물을 많이 주기보다는 난(蘭)처럼 공중습도를 높여주는 게 좋다.

수련

준비물
항아리, 마사토, 생명토, 덩이거름.

1. 야생화 전문점 등지에서 꽃대가 두세 개 정도 맺힌 것을 고른다.

2. 뿌리가 번지는 것을 막기 위해 비닐로 뿌리를 감싸놓았다. 이것을 꽃대가 상하지 않게 조심스레 뜯는다.

3. 심을 그릇이 깊다면 문제 없지만 얕을 경우에는 뿌리를 흙과 함께 3분의 1 정도를 잘라내도 무방하다.

4. 집에서 수련을 키우기에는 항아리만한 것도 없다. 우선 쓰지 않는 항아리나 큰 그릇에 유기물이 풍부한 논 흙과 밭 흙을 혼합해 채운다. 이런 흙들을 구하기 어려울 때는 비교적 구하기 쉬운 마사토와 생명토를 3 대 7의 비율로 섞어 채운다.

5. 높이를 맞춰 수련을 넣은 다음 배합한 흙으로 뿌리를 골고루 덮어준다. 이때 덩이거름 두세 개를 뿌리 밑에 넣어주면 튼튼한 꽃대를 올린다.

6. 물 속에 푹 담가 키우는 것도 좋지만 가정에서 기르기에는 사진처럼 잎과 꽃대가 수면 위로 올라오게 기르는 것이 꽃을 잘 볼 수 있는 방법이다. 연못 등에서 기를 때는 사진과 같이 작업을 한 다음 그대로 물 속에 넣으면 된다.

기르기 포인트 | 수련은 구이통이나 돌절구 등에 심어놓아도 썩 잘 어울린다. 주의할 것은 물을 너무 자주 갈아주면 온도 변화가 심해 꽃이 늦게 피고 또 피었다 하더라도 금새 지고 만다. 물이 너무 뜨겁지만 않으면 걱정할 필요는 없다. 단, 수위는 항상 일정하게 유지해주어야 한다. 시중에서 판매하는, 관상용 물양귀비, 애기수련도 같은 방법으로 기른다. 양귀비꽃을 닮은 노란 꽃이 예쁘고 또 오래 간다. 모든 수생식물은 햇빛이 하루종일 충분히 드는 장소에 두는 것이 좋다.

해오라비

준비물
깊지 않은 화분, 굵은 마사토.

1. 야생화 전문점 등지에서 판매하는 해오라비. 꽃을 볼 요량이면 꼭 꽃대를 물고 있는 촉으로 골라야 한다.

2. 굵은 마사토를 물로 깨끗이 씻는다. 거름기가 없는 소독된 이끼로 심어도 되지만 마사토로 심는 것이 관리하기가 좋다.

3. 깊지 않은 화분에 망을 깔고 물에 씻은 마사토를 3분의 1쯤 붓는다.

4. 포트에서 조심스레 뿌리를 뺀다. 작업을 할 때는 비가 오는 날이나 해가 넘어간 오후 또는 그늘에서 하는 것이 좋다.

5. 화분 크기와 어울리게 여러 그루로 모양을 내 자리를 잡는다. 물 빠짐이 좋게 화분은 배수 구멍이 큰 것을 이용한다. 마무리를 할 때

는 뿌리를 조금 깊게 심는다. 너무 얕게 심으면 물을 줄 때 쓰러지기 때문이다.

다 심은 후에는 마사토가 뿌리 사이사이에 골고루 덮이도록 화분을 바닥에 톡톡 쳐준 다음 다시 물뿌리개로 맑은 물이 나올 때까지 충분히 물을 준다.

6. 완성된 해오라비 분물. 잘 어울리는 화분을 선택하는 것이 해오라비를 더욱 멋있게 감상하는 비결이다. 하얀색 화분은 꽃이 잘 드러나지 않으므로 가능하면 피하고, 너무 어두운 색도 피한다.

7. 구멍이 파인 제주석에 해오라비를 심어도 잘 어울린다. 하얀색의 해오라비 꽃과 제주석의 색깔이 잘 어울린다.

기르기 포인트 | 물은 화분 속의 흙이 약간 건조하다 싶을 때 주되, 햇빛이 잘 들고 바람이 잘 통해 과습하지 않도록 관리해야 한다. 또 공중습도가 잘 유지되는 장소가 좋은데 주변에 다른 화분을 같이 배치하여 습도 유지를 모색하는 것도 한 방법이다. 뿌리만 남고 죽는 겨울에도 가끔 적당량 물을 주는 것이 좋다.

해오라비 뿌리의 끝에는 구경이라는 알줄기가 있어 가을에 이것을 잘라 냉장 보관함으로써 월동을 시킨다. 화분을 건조하게 말린 후 얼지 않을 정도로 시원한 장소에서 겨울을 나게 하는 방법도 있다.

금낭화

준비물
화분, 마사토, 녹소토, 부엽토.

1. 야생화 전문점 등에서 구입한 어린 묘일 경우에는 꽃을 피우지 않는 것도 있으므로 구입 시에는 꼭 꽃대가 있고, 줄기가 굵고 튼튼한 것을 고른다.

2. 뿌리가 덜 다치게 조심스레 흙을 털어내고 물 빠짐이 좋은 마사토와 보습성이 좋은 녹소토, 부엽토를 섞어 심는다.

3. 금낭화는 뿌리도 잘 자라고 키도 금새 크기 때문에 키가 클 경우를 대비해 뿌리가 넉넉하게 들어가는 화분을 고른다.

4. 멋스런 도자기 분에 담긴 금낭화.

기르기 포인트 | 척박한 토양에서 자라는 놈이어서 너무 물을 과하게 주면 뿌리가 썩기 쉽다. 마당에 심어 기를 때는 해가 잘 드는 곳에다 심고, 화분에서 기를 때는 반그늘이 좋다. 화분은 꽃 색깔과 같거나 연분홍 색을 잘 받쳐주는 화분을 선택하는 것이 금낭화를 돋보이게 한다.

기르기 포인트 | 햇빛만 충분하다면 여러 날 동안 꽃이 피고 진다. 하지만 너무 강한 햇빛에 오래 두면 잎이 탄다. 물 관리는 보통으로 하되, 건조한 곳에 두지 않는다.

초롱꽃

준비물

화분, 돌꽃토, 녹소토, 돌맹이, 이끼.

1. 뿌리를 포트분에서 들어내 흙을 약간 털어 정리한다.

2. 심을 때는 돌꽃토와 녹소토의 비율을 7 대 3의 비율로 섞어 심는 게 가장 안전하다. 거름은 보름 정도가 지난 후에 한다.

3. 초롱은 키가 큰 만큼 화분도 중간 이상 것을 쓰되, 여러 개를 한꺼번에 심어 기르는 것이 좋다. 깊은 화분보다는 얕고 넓은 분이 잘 어울린다

4. 기왓장에 모아 심어도 썩 잘 어울린다.

돈 한 푼 안 들이고 만드는 야생화 모듬

야생화는 따로 키우는 것보다 한꺼번에 모듬으로 심어 키우는 것이 오래 살리는 방법 중 하나다. 하지만 여러 개의 야생화를 한꺼번에 심을 만한 화분은 값이 비싸다. 이럴 때 깨진 항아리만한 것도 없다.

준비물
항아리, 그라인더, 마사토, 가위, 이끼, 제주석.

1. 아파트 잔디밭에 흐드러지게 핀 봄맞이꽃. 한해살이지만 씨가 떨어져 계속 피고 지면서 군락을 이룬다. 채취할 때는 모종삽이 필요 없다. 가위로 뿌리 주위를 둥그렇게 찔러 자른다. 너무 짧게 자르지만 않으면 되는데 모종삽으로 채취하는 것보다 안전하다. 2. 쓰지 않는 항아리를 돌 자르는 그라인더를 이용해 반으로 자른다. 3. 위험하므로 안전하게 기계를 다룬다. 4. 물이 빠질 수 있도록 밑을 잘라 구멍을 낸다. 5. 망을 잘라 구멍을 막는다. 물 빠짐이 좋고 가벼운 난석을 바닥에 깐 다음 마사토로 높이를 맞춘다. 항아리 입구 쪽을 돌 등으로 막아 흙이 빠져나가지 못하게 한다. 6. 야생화로만 항아리를 채우면 밋밋하다. 야생화를 심기 전 먼저 돌로 모양을 낸다. 훨씬 보기 좋다. 사진에 사용된 돌은 제주석이지만 꼭 제주석이 아니어도 좋다. 7. 돌과 돌 사이에 야생화를 배열해 심는다. 키가 작은 꽃은 앞쪽에, 큰 꽃은 뒤쪽에 심어 전체적인 조화를 이룬다. 8. 돌로 막은 항아리 입구 쪽은 이끼로 마무리한다. 9. 완성된 야생화 항아리 모듬. 아파트 잔디밭에서 채취한 것들로 심었다. 10. 야생화 전문점 등에서 판매하는 애기철쭉 중심으로 합식했다.

기르기 포인트 | 모듬으로 심은 야생화는 따로따로 화분에 심어 기르는 야생화보다 훨씬 잘 산다. 한 가지 주의해야 할 것은 양지식물은 양지식물끼리, 음지식물은 음지식물끼리, 물을 좋아하는 종과 그렇지 않은 종을 구별해서 심어야 한다. 봄꽃, 여름꽃, 가을꽃을 찾아 심으면 봄부터 가을까지 꽃을 볼 수 있다.

1

야생화 모듬

3 토종보다 더 예쁜 개량종 야생화 기르는 법

분명 산과 들에서는 꽃을 볼 수 없는 한겨울이지만 야생화 전문점엘 가면 꽃들이 가득하다. 애기별꽃, 예쁜이국화, 애기달맞이, 월광화, 설화, 암단초, 에리카, 구름국화, 오색물레나물, 노란공, 반디지치, 백설, 풍노초 등 얼핏 이름만 들으면 토종 야생화 같은 것들이 꽃잔치를 벌이고 있다.

하지만 이런 야생화는 야생화 전문서적에도 나와 있지 않은, 일테면 키가 너무 큰 것들은 키를 작게 해 만든 일종의 개량종 야생화들이다.

품종개량을 한다는 것은 보다 나은 유전자를 갖고 있는 새로운 종을 만든다는 말이다. 인간이 임의로 유용한 유전자를 만들 수 없으므로 기존의 각기 다른 유전자들을 결합시켜 새로운 유전자 조합을 가진 개체를 만드는 것을 말한다.

식물의 경우 한 개체의 꽃가루를 다른 개체의 암술머리에 묻혀 수분(受粉)과 수정을 통하여 새로운 유전자 조합을 꾀하는 방법을 말한다.

화분 재배로만 자라는 야생화

품종을 개량한 이런 종들은 야생 상태의 꽃들보다 더 예쁘고 오래 가는 장점이 있다. 또 이것들은 대개 미니종이고, 꽃을 한 번만 피우고 마는 것이 아니라 풍노초, 애기코스모스처럼 일 년 내내 피는 것들도 있어 산에서 피고 지는 토종 야생화보다 꽃을 오래 볼 수 있다는 점에서 인기를 모으고 있다.

이는 시대적 흐름이다. 큰 것보다는 작은 것을, 한 번 꽃을 피우기보다는 여러 번 꽃을 피우는 것을 선호하는 현대인들의 욕심 때문이다.

우리나라의 토종 야생화들이 꽃이 피어 있는 기간이 짧고 키가 커, 가정에서 기르기엔 다소 무리가 따르는 점을 감안한다면 이런 개량종의 인기는 더욱 가속화될 전망이다.

개량종 야생화는 크게 두 가지로 구분된다.

첫째는 용담, 구절초, 천남성, 금낭화, 초롱꽃같이 절화용이나 지피식물로 원예화한 것과 우리나라 기온과 맞지 않아 노지에서는 살 수 없지만 화분에서 심어 기르면 노지에서 피고 지는 것과 똑같이 잘 자라는 애기별꽃, 풍노초, 물봉선, 솔도라지 같은 것들로 나뉜다.

앞엣것은 우리나라에서도 여러종이 배양 증식돼 수출도 하고 있지만 뒤엣것은 아직 개량 품종된 것이 없어 수입 종자를 증식 배양하고 있는 실정이다.

그렇다면 왜 꽃 같거나 비슷한 것일까? 이름이 토종 야생화와 이유는 간단하다. 우리나라 특산 종을 뺀 어지간한 야생화는 우리나라뿐만이 아니라 기후가 비슷한 세계 곳곳에서도

피고 지는 야생화다. 단지 그 나라에서 개량을 했을 뿐 우리나라에도 똑같은 꽃이 있기 때문에 우리나라 야생화 이름이 붙은 것이다.

홀대받는 개량 할미꽃

대표적인 예로 자생지에서는 이미 그 개체수를 확인할 수 없을 정도로 멸종 위기에 놓인 우리나라 할미꽃과 시중에서 판매하는 개량종 할미꽃은 뿌리와 꽃받침에서 약간의 차이가 있을 뿐이다.

일반인들은 얼핏 보아서 그 차이를 구별해내지 못하지만 산채품이 아닌 수입 개량된 할미꽃임을 알고 나면 꽃을 반기는 태도가 달라진다. 순종이 아니라고 홀대하는 사람들의 이런 태도도 안타깝지만 관련 학자나 연구 단체의 분투도 아쉽다.

가정에서 관심있게 야생화를 기르는 아마추어들도 이런 개량종에 대해 깊은 관심을 갖고 대량 번식법은 물론 재배법 등을 알아보는 것도 좋을 듯싶다.

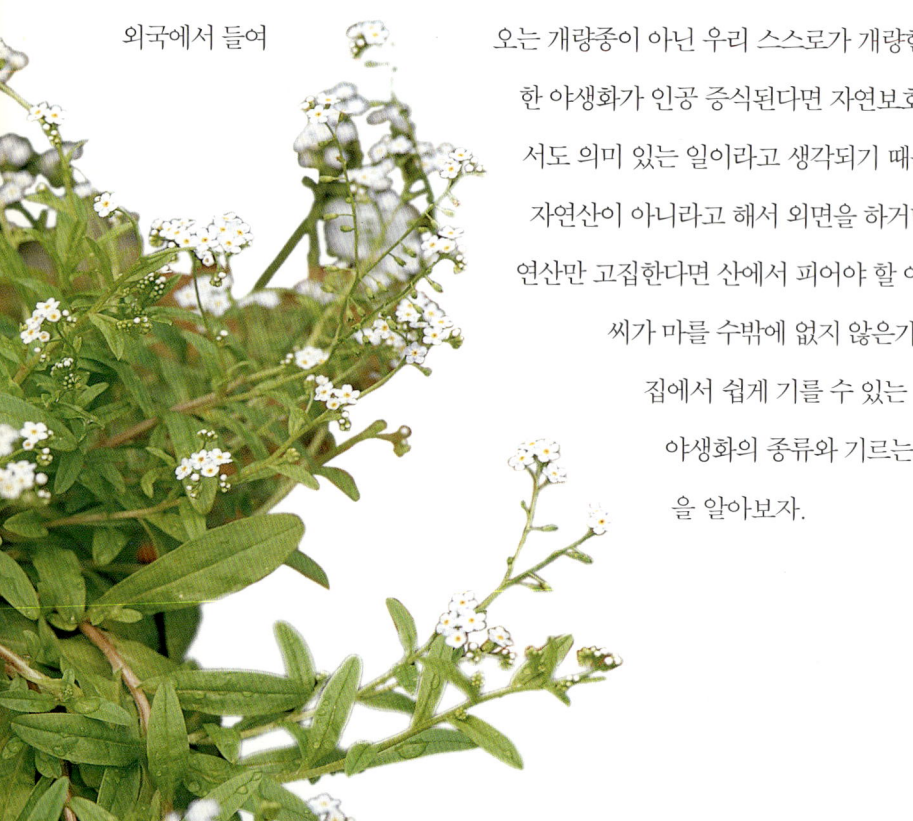

외국에서 들여오는 개량종이 아닌 우리 스스로가 개량한 다양한 야생화가 인공 증식된다면 자연보호 측면에서도 의미 있는 일이라고 생각되기 때문이다. 자연산이 아니라고 해서 외면을 하거나 또 자연산만 고집한다면 산에서 피어야 할 야생화는 씨가 마를 수밖에 없지 않은가.

집에서 쉽게 기를 수 있는 개량종 야생화의 종류와 기르는 방법 등을 알아보자.

화분에 심는법

눈내린 겨울철 산과 들에서는 꽃을 볼 수 없지만
야생화 전문점엘 가면 앙증맞은 야생화들이 꽃잔치를 벌이고 있다.
이런 야생화는 야생화 전문 서적에도 나와 있지 않은 개량종 야생화들이다.
품종을 개량한 이런 종들은 야생 상태의 꽃들보다 더 예쁘고
오래 가는 장점이 있다.
이것들은 대개 미니종이고 또 꽃을 한 번만 피우고 마는 것이 아니라 일 년에
서너 번 꽃을 피우는 것들도 있어 경쟁력 있는 상품으로 인기를 모으고 있다.

애기별꽃

하얀색의 귀여운 꽃이 피는 상록의 다년초로 상록냉이라고도 부른다. 겨울철에 가장 인기 있는 품종이다. 추위에 강하다고는 하지만 노지에서는 재배가 불가능하고 화분 재배만이 가능하다. 연보라색 꽃도 있다.

준비물

화분, 녹소토, 마사토.

기르기 포인트 | 겉으로 보기엔 다소 연약해보이지만 병충해에 강하고 번식력 또한 좋다. 분 재배의 경우 키가 3~6센티 정도 자란다. 봄, 가을, 겨울에는 될수록 햇빛을 많이 쬐여주면 늦봄까지도 꽃이 피고 진다. 한 가지, 고온다습한 장마철에 너무 과습한 상태에 두면 녹거나 마르기 십상이다. 그러나 찬바람이 도는 10월쯤에 다시 잎이 나기 시작한다. 물을 좋아하는 편이다.

1 화분을 미리 준비해 3분의 1쯤 흙을 채워 축축하게 해놓는다.

2 포트분에서 빼낸 후 화분 깊이에 맞춰, 뿌리를 적당히 자른다.

3 녹소토와 마사토를 반씩 섞어서 심는다.

4 애기별꽃은 어떤 화분에 심느냐가 중요하다. 화분이 앙증맞을수록 꽃이 더욱 돋보인다.

로벨리아

원예종으로 개량된 로벨리아의 품종은 의외로 많다. 하늘색, 파란색, 홍색, 흰색 등이 있다. 그중 형광빛의 짙은 청색이 가장 눈에 띈다. 키는 15센티 안팎이며, 4~5월에 포기 가득 꽃이 핀다.

준비물
화분, 녹소토, 마사토.

기르기 포인트 | 추위에 약한 것이 결점이다. 해가 잘 들고 너무 건조하지 않는 곳에서 가꾸는 것이 좋지만, 한여름철의 강한 햇볕은 피한다. 화분에 심어 감상할 경우 흙을 높이 복돋아 줄기를 감싸주면 뿌리도 잘 내리고 무성해진다. 씨앗으로도 번식하며 꽃이 진 후에 포기를 나누어서 번식하기도 한다. 6월 중순쯤 꽃이 지고 나면 줄기를 바싹 잘라주고 거름을 한 다음 여름 동안 시원하게 관리하면 가을에 다시 한 번 꽃을 볼 수도 있다.

1 여러 개를 모아 심어도, 앙증맞은 화분에 하나를 심어도 예쁘다. 포트분에서 빼낸 후 뿌리는 화분 깊이에 맞추어 적당히 자른다.

2 흙은 마사토와 녹소토를 절반씩 섞어 쓴다.

3 다른 꽃에 비해 꽃이 피어 있는 기간이 길다. 해가 들어오는 거실 탁자 위에 놓아두면 여러 달 동안 꽃을 볼 수 있다.

풍노초

꽃은 쥐손이풀 꽃과 거의 흡사 하지만 크기가 작다. 햇볕을 많이 보일수록 꽃을 많이 피우고 잎도 작게 자라는데 거의 일 년 내내 꽃이 피고 진다. 꽃색은 흰색과 보라색이 있고 겹꽃과 홑꽃이 있는데, 꽃이 피어 있는 기간은 홑꽃보다 겹꽃이 오래 간다. 하지만 홑꽃이 겹꽃보다 더 예쁘다. 사계절 꽃이 피는 탓에 일반 꽃가게에도 많이 나오고 있다.

준비물
제주석, 마사토, 생명토, 이끼.

핀셋 등으로 흙을 털어 내고 뿌리는 될수록 자르지 않는다.

미리 준비한 돌에 마사토를 뿌리가 적당히 들어갈 수 있도록 뿌리깊이를 맞추어 깐다.

3 마사토와 생명토를 섞어 골고루 뿌려 심는다.

기르기 포인트 | 햇볕을 많이 쪼일수록 꽃이 많이 피고 잎도 작게 자란다. 오래된 풍노초는 굵은 뿌리 부분을 위로 내서 심으면 멋있다. 분갈이할 때는 뿌리를 짧게 자르지 말고 끝의 잔뿌리만 조금 잘라준다. 몸살을 심하게 하므로 분갈이할 때 반드시 젖은 흙으로 한다. 분갈이한 다음에는 햇볕을 5일 정도 보이지 않는 게 좋다.

4 이끼로 흙을 덮어 깔끔하게 마무리한다.

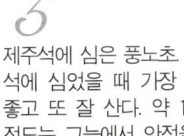

5 제주석에 심은 풍노초. 제주석에 심었을 때 가장 보기 좋고 또 잘 산다. 약 1주일 정도는 그늘에서 안정을 취한 다음 해를 보여준다.

청화목(버베나)

남아프리카가 원산지이다. 마편초과의 숙근초로 작은 꽃들이 줄기 끝에 무리지어 핀다. 분홍색과 흰색, 진보라색이 번갈아 들어가면서 파라솔처럼 꽃을 피운다. 그래서 파라솔이라고도 불린다. 꽃은 5월에서 11월까지도 피는데 꽃의 수가 적어지는 7월 정도에 밑동을 10센티 정도 남기고 바싹 자른다. 물비료를 주면 옆싹이 자라 다시 꽃이 풍성하게 핀다. 5~6월에 꺾꽂이로 번식시킨다.

준비물
제주석, 마사토, 생명토.

기르기 포인트 | 햇볕이 잘 들고 통풍이 잘 되는 곳에 둔다. 건조에는 비교적 강하지만 과습에는 약하므로 특히 고온 다습한 장마철에 주의한다.

1 풍노초 심기와 마찬가지로 파인 구멍에 마사토를 깐다.

2 배양 증식한 야생화들이 대개 그렇듯 청화목 역시 곁뿌리가 발달해 있다.

3 마사토와 생명토를 섞어 뿌리 사이사이에 골고루 들어 가도록 심는다. 뿌리를 알맞게 잘라 심는다.

노보단

덩굴성인 노보단은 줄기가 뻗어나가면서 진분홍색의 예쁜 꽃을 피운다. 화분에 심는 것도 좋지만 제주석 등에 올려 심어도 예쁘다. 꽃색이 선명하기 때문에 너무 색깔이 요란한 화분보다는 갈색 계통의 화분이 잘 어울린다.

준비물
제주석, 돌꽃토, 생명토.

2 제주석에 뿌리를 내린 노보단. 진분홍 꽃이 예쁘다.

1 노보단 역시 제주석에 심었을 때 가장 보기 좋다. 풍노초 심기와 동일하다.

기르기 포인트 | 여름에 꽃이 피는 노보단은 수반 등에 젖은 마사를 채우고 물을 뿌려주면 아주 잘 자란다. 물은 마르지 않게 관리하며 줄기가 닿는 부분마다 뿌리가 내리기 때문에 번식이 잘 된다. 통풍이 잘 되는 반 그늘에서 기른다.

바위장대

산에서 피고 지는 바위장대하고는 다르다. 토종 바위장대가 숙근초라면 개량된 바위장대는 상록이다. 꽃을 피우는 시기도 다르다. 토종이 여름철에 꽃을 피우는 반면 개량 바위장대는 초봄부터 꽃을 피우기 시작한다. 음지에서도 비교적 잘 자라고 건조에도 강한 편이다. 물론 생명력도 질기다.

준비물
화분, 돌꽃토, 이끼.

기르기 포인트 | 다른 야생화에 비해서 키우기가 수월하다. 밝은 실내에서도 비교적 잘 자라고 건조에도 강한 편이다. 물 관리는 보통으로 한다.

땅에 바싹 붙어 사는 바위장대는 모두 실뿌리로 구성되어 있다.
플라스틱 포트에서 빼내 어느 정도 흙을 털어낸 다음 뿌리를 절반쯤 자른다. 워낙 뿌리가 잘 뻗기 때문이다.

야생화 전문점 등에서 판매하는 바위장대. 잎에 무늬가 있는 것과 없는 것 두 종류가 있다.

3

화분 바닥에 먼저 돌꽃토를 깔고 화분 깊이에 맞춰 조심스레 심는다.

5

옮겨 심기를 끝낸 모습. 깊은 화분보다는 얕고 넓은 화분이 더 잘 어울린다.

4

이끼로 마무리한다. 이끼를 입혔을 경우와 그냥 흙이 보이게 놔두었을 경우와는 관상 가치가 크게 달라진다.

벨리스

한여름만 빼놓고 겨울부터 봄까지 꽃을 피운다. 추위에는 강한 편이지만 건조에는 비교적 약하다. 꽃을 한 번 피우면 1주일 정도 가고, 꽃이 지면 또 꽃봉오리가 올라오면서 계속 피고 지고를 반복한다.

준비물
깊고 넓은 화분, 돌꽃토.

기르기 포인트 | 밝은 실내나 베란다의 반 그늘에 두고 기르되, 물이 마르지 않게 관리한다. 하지만 통풍이 안 되고 너무 습하면 진딧물이 잘 생기므로 주의한다. 보름에 한 번씩 예방 차원에서 방충작업을 해주는 것이 좋다.

2 구름국화는 워낙 잘 자라고, 잘 번식하기 때문에 약간 깊고 넓은 화분을 고르는 것이 좋다.

1 벨리스는 꽃대가 긴 것보다는 짧은 것을 고른다. 뿌리를 자르지 않고 옮겨 심기를 해도 되지만 어울리는 화분에 심어 기르려면 뿌리 자르기가 불가피하고 어느 정도 뿌리를 잘라주면 발육에도 좋다.

3 화분에 심어 기르는 것도 좋지만 구멍이 파인 돌에 자연스레 어울려 심으면 멋진 작품이 된다.

사계패랭이

계절을 가리지 않고 영상 5도 이상 되면 수시로 꽃을 피우는 것이 패랭이다. 패랭이만큼 개량을 많이 한 꽃도 없는데 사계패랭이는 그중 하나다. 상록이면서 꽃에서 은은한 향기까지 있어 향기패랭이라 부르기도 한다.

준비물
화분, 돌꽃토.

2 빠른 성장을 위해 농장 물건은 피스모트에 심어져 있다. 하지만 가정에서 기를 때는 피스모트를 어느 정도 털어내고 마사토에 심는 게 좋다.

1 야생화 전문점 등에서 판매하는 사계패랭이. 3천 원 안팎이다.

기르기 포인트 | 패랭이꽃들이 그렇듯 사계패랭이도 추위, 건조, 병충해 모두 강하다. 그만큼 가정에서 손쉽게 키울 수 있는 꽃인데, 단 햇빛을 많이 보여주지 않을 경우에는 계속 올라오던 꽃대가 멈추어버리는 경우가 있다. 해가 많이 들지 않는 가정에서는 이럴 때 밝은 형광등 아래 두면 좋다. 물을 너무 자주 주면 뿌리 부근이 물러버린다.

3 꽃을 피운 패랭이. 물을 너무 자주 주거나 물 빠짐이 좋지 않은 화분에 심으면 잎이 노랗게 타들어가므로 주의한다.

백설

한겨울에 눈처럼 하얗게 핀다 해서 이름도 백설이다. 잎에서 독특한 향기가 나 병충해에 강하다. 보름에서 한 달 주기로 꽃이 피고 진다. 삽목도 잘 돼 길게 늘어진 가지를 잘라 번식을 해보는 것도 좋다.

준비물
기왓장, 돌꽃토.

기르기 포인트 | 건조에 약해 집안이 너무 건조하면 실패하기 십상이다. 백설이 잘 자랄 만큼의 공중습도를 높여주면 건조로 인해 생길 수 있는 가족들의 감기 정도는 예방할 수 있다.

1 야생화 전문점에서 판매하는 백설과 기왓장을 준비한다.

2 포트분에 심어진 뿌리를 꺼내 흙을 조금 털어낸 후 돌꽃토로 심는다.

3 일반 화분에 심어 가지가 늘어지게 기르는 것은 보기 좋지만 기왓장에 모아 심어도 보기 좋다.

화분에 담긴 야생화 잘 기르는 법

개량종 야생화라고 해서 특별한 관리법이 따로 있는 것이 아니다.
그러나 품종을 개량해 야성을 순화시켰다고는 해도 야생화는 야생화다.
아무렇게 길러도 잘 사는 일반 관엽식물보다는 정성을 더 쏟아야 한다.
개량종 야생화들을 화분에 심은 후 잘 기르려면 우선적으로 고려되어야
할 사항이 용토다. 여느 야생화들도 마찬가지겠지만 흙은 야생화를 건강하게 기르는 척도다.
화분 또한 수종에 따라 개성을 충분히 살려주되 뿌리가 탈없이 자리잡을 수 있고,
예쁜 꽃을 더욱 예쁘게 보이게 하는 것을 선택해야 한다.
이렇게 몇 가지만 유의하면 한 번만 피고마는 토종 야생화보다 더욱 관상 가치를 높일 수 있다.
다음에 소개하는 꽃들은 앞의 백설이나 노보단, 풍노초 등과 심는 방법이 같으므로
여기에서는 기르기 포인트만을 살펴보았다.

예쁜이국화

기르기 포인트 | 기르는 데 다른 문제는 없다. 들에 피고 지는 구절초와 꽃은 비슷하지만 줄기가 덩굴성이다. 거기다 여러해살이 상록이어서 구절초하고는 많은 차이가 있다. 꽃이 피어 있는 기간이 긴 데다 꽃도 일 년에 서너 번 정도 피어 야생화를 키우는 사람들에게 인기 있는 품종이다.

용토는 마사토를 쓰도록 하고, 국화과의 식물이 그렇듯이 막힌 공간에서 습도가 너무 높으면 진디가 생기기 쉬우므로 수시로 확인하고 예방해준다. 물은 마른 듯할 때 준다. 꽃이 한 번 피면 10일 이상 볼 수 있다. 여름에 강한 직사광선은 피하고 반 그늘 상태에서 기르고, 겨울에는 해를 많이 보일수록 좋다.

꽃피는 시기 : 봄, 여름, 가을

누운애기별꽃

기르기 포인트 | 용토는 마사토로 쓰고, 물을 너무 자주 주면 뿌리가 썩으므로 흙이 완전히 마른 것을 확인한 후에 준다. 애기별꽃은 꽃잎이 4장, 누운애기별꽃은 5장이다. 화분에 옮겨 심을 때는 애기별꽃처럼 심으면 된다. 흰색, 보라색이 있다.

꽃피는 시기 : 봄~초여름

화분에 • 담긴 • 야생화 • 잘 • 기르는 • 법

넝쿨물봉선

기르기 포인트 | 꽃은 야산에 피는 토종 물봉선하고 흡사하다. 하지만 예쁜이국화처럼 줄기가 아닌 넝쿨성이다. 햇빛을 많이 보일수록 꽃을 계속 볼 수 있는데 한번 피기 시작하면 지겨울 정도로 오래도록 피고 진다. 꽃을 계속 피우기 때문에 보름에 한 번 정도 거름을 해준다. 마사토로만 심으면 물 빠짐이 너무 좋아 빨리 마르기 때문에 마사토와 배양토를 적절한 비율로 심는다. 화분에 손가락을 넣어보아 흙이 마른 듯하면 준다.

꽃피는 시기 : 봄, 여름

에리카

기르기 포인트 | 겨울과 봄에 걸쳐 꽃을 피우는 에리카는 남아프리카 및 지중해 연안이 고향이다. 야생화 전문점 등에서 구입하게 되는 에리카는 삽목 후 2~3년이 지난 것들이므로 꽃봉오리가 있는 것을 고른다. 꽃을 피우지 않는 것도 있기 때문이다. 물은 화분의 흙이 마른 듯하면 즉시 준다. 잎이 가늘어 나무가 마르는 것이 눈에 잘 띄지 않기 때문이다. 꽃색깔은 복숭아색, 자색, 백색 등이 있다.

꽃피는 시기 : 겨울, 봄 초

화 분 에 · 담 긴 · 야 생 화 · 잘 · 기 르 는 · 법

청화국

기르기 포인트 | 남아프리카가 원산지이고 국화과에 속하는 숙근초(노지 재배의 경우)다. 홑꽃인데 산뜻한 하늘색이거나 그보다 조금 진한 색이 있다. 여름철에는 진딧물에 상처를 입어 꽃이 중간에서 잘리는 일이 있지만 실내에서는 온도만 맞으면 계절을 가리지 않고 줄곧 꽃을 피운다. 마당에 심어도 좋고, 순자르기해 삽목으로 번식을 할 수도 있다.

꽃피는 시기 : 사계절

노란공

기르기 포인트 | 진디가 잘 붙는 편이지만 노란공만큼 병충해에 강한 것도 없다. 진디가 잎 전체에 꽉 붙어 있어도 끄떡없다. 용토는 마사토와 배양토를 7 대 3의 비율로 섞어 심는다. 해가 잘 안 드는 실내에서도 잘 자란다. 덩굴성이기 때문에 공중에 걸어 감상하는 것이 좋다. 진디가 붙었을 경우 약을 뿌리고 큰 비닐봉지로 2시간 정도 덮어둔 다음 물로 씻어낸다.

꽃피는 시기 : 사계절

붉은꽃바위취

기르기 포인트 | 늦은 봄에 붉은 꽃대가 무리지어 있는 모습은 가히 환상적이어서 반하지 않는 사람이 없을 정도다. 봄에 해를 많이 쪼일수록 꽃색이 선명해지며, 꽃이 피면 보름 정도 감상할 수 있다. 바위에 심어도 잘 자란다. 바위장대와 같은 방법으로 심는다.

장대도라지

기르기 포인트 | 꽃이 피기 전까지는 햇볕을 많이 쪼여준다. 일단 꽃봉오리가 생기면 반 그늘이나 직사광선이 들어오지 않는 밝은 실내에서 관리한다. 다 자란 줄기는 30~40센티 정도가 되는데 지는 꽃만 따주면 계속 피고 진다.

꽃피는 시기 : 여름~가을

꽃피는 시기 : 봄과 여름 사이

바위털

기르기 포인트 | 제주석 등에 심어도 잘 자란다. 다만 여름철 관리가 문제인데, 반 그늘에서 서늘하게만 관리한다. 종 모양의 하얀 꽃이 한번 피면 한 달 정도 감상할 수 있다. 습한 곳을 좋아하므로 시원하고 건조하지 않게 관리하는 것이 좋다.

꽃피는 시기 : 봄, 여름

로드히폭시스 (대륜별꽃)

기르기 포인트 | 햇빛을 굉장히 좋아하며 봄에 꽃이 피기 시작해 여름 내내 꽃을 피운다. 작은 구슬 모양의 알뿌리 식물이며 여러해살이다. 봄, 가을에 포기나누기로 번식시킨다. 장마철에는 건조하게 관리하는 것이 안전하다. 비료는 봄, 여름, 가을에 3회 정도로 나누어서 묽은 물거름을 준다. 흰색, 분홍색, 진분홍색의 꽃이 있다.

꽃피는 시기 : 봄, 여름

암단초

기르기 포인트 | 흰 꽃과 분홍 꽃이 있으며 향기가 진하다. 번식이 목적이라면 꽃이 지고 난 뒤 꽃대를 자르지 말고 그대로 둔다. 뿌리 근처의 잎부터 말라들어가서 보기 싫은 경우가 많으므로 꺾꽂이하는 것도 괜찮다.

꽃피는 시기 : 봄

화 분 에 • 담 긴 • 야 생 화 • 잘 • 기 르 는 • 법

호주매화

기르기 포인트 | 목본류임에도 불구하고 왜성이 강하다. 그래서 앙증맞은 나뭇가지에서 피는 연분홍 꽃이 더 매력적이다. 햇볕을 그리 많이 받지 않아도 잘 자라지만 햇볕이 모자라면 꽃 색깔이 연해지고 작아지는 경향이 있다. 때문에 꽃눈이 생길 때와 꽃이 필 무렵에는 일조량을 늘려주는 게 좋다. 호주매화를 잘 기르는 방법 중 하나는 물을 말리지 않는 것이다. 나뭇잎이 한번 마르면 걷잡을 수 없이 마르기 때문이다. 매화나무들이 대개 그렇듯 호주매화 역시 수형은 볼품없다. 나무가 못생길수록 꽃이 더 예쁘다는 말을 실감케 하는 나무다. 거름을 줘가며 실내에서 따뜻하게 키우면 일년에 두세 번 정도는 꽃을 볼 수 있다.

꽃피는 시기 : 봄, 가을

별꽃도라지

기르기 포인트 | 꽃이 별 모양처럼 생겼다 하여 붙여진 이름으로, 꽃이 한창 필 때는 매우 예쁘지만 꽃이 지면 관리가 소홀해지기 쉽다. 시든 부분은 다듬어서 깔끔하게 해준다. 물은 완전히 마르면 준다.

꽃피는 시기 : 봄, 여름

화 분 에 · 담 긴 · 야 생 화 · 잘 · 기 르 는 · 법

사계절부용

기르기 포인트 | 반 목본류이지만 추위에 매우 약하다. 병충해가 많으므로 예방에 철저히 대처해야 한다. 겨울에도 따뜻하게 관리해준다.

꽃피는 시기 : 사계절

황금성유매

기르기 포인트 | 한여름의 직사광선은 피하고, 봄·가을에는 햇볕을 많이 쪼여주도록 한다. 반 그늘에서도 꽃은 피고 잘 자라지만 잎 사이가 너무 벌어져 보기 싫어진다. 특히 꽃봉오리가 나올 무렵에는 건조에 주의해야 한다.

꽃피는 시기 : 봄, 가을

애기자귀나무

기르기 포인트 | 왕자귀나무보다 잎이 훨씬 작으며 꽃색은 빨간색이다. 향기는 없으며 반 그늘에서도 잘 자라는 상록이다. 반면에 왕자귀나무는 분홍색의 꽃 향기가 좋아 개미가 잘 끓는다. 또 겨울에 낙엽이 진다.

꽃피는 시기 : 여름

적심패랭이

기르기 포인트 | 색이 선명하면서도 꽃이 작아 나이드신 분들이 좋아한다. 추위에 매우 강하기 때문에 겨울에도 바람만 맞지 않는 곳이라면 꽃을 피운다. 물 빠짐이 잘 되는 용토에 심는다. 너무 과습하면 뿌리 근처의 잎부터 노랗게 되면서 물러버린다. 해는 많이 쪼일수록 꽃색이 선명해진다. 여름에 해가 너무 강하면 차양을 쳐준다. 잎이 붉어지면서 노란 반점이 생기며 꽃도 금방 말라버린다.

꽃피는 시기 : 봄, 여름

화 분 에 · 담 긴 · 야 생 화 · 잘 · 기 르 는 · 법

넝쿨노랑물봉선 (미뮬러스)

기르기 포인트 | 꽃색이 종류에 따라 노랑, 빨강, 노랑과 빨강이 점점이 들어간 것 등 다양하다. 늪지나 연못의 주변에서 자생하므로 재배도 습기가 많은 곳을 택한다. 길게 자라면 잘라서 낮게 관리하는 게 좋다. 한여름에는 물 관리에 신경을 써야 한다. 한해살이다.

꽃피는 시기 : 봄, 여름

오색물레나물

기르기 포인트 | 햇빛은 많이 쪼일수록 잎 색깔이 선명해지고 꽃봉오리도 많이 생긴다. 햇빛과 물이 모자라면 밑동 근처의 잎부터 떨어지기 시작한다. 한 포기만 심는 것보다 같은 종류로 모아 심으면, 돌아가면서 꽃을 감상할 수 있다. 노란색의 꽃잎에 빨간 수술이 예쁘다. 물레나물과 동류이다.

꽃피는 시기 : 여름

백산풍노초

기르기 포인트 | 추운 고산에 군생하며 키는 30~60센티 정도이다. 꽃은 진한 분홍색, 연한 분홍색이 있다. 종류는 아종, 변종을 포함하여 30여 종에 이른다. 분식하여 작게 가꾸는 것이 요령이며, 분식토는 마사토·적옥토 등을 섞어 쓴다. 1년에 2번 덩이거름을 주면 충분하다. 많이 주면 포기가 커지므로 주의한다.

꽃피는 시기 : 봄, 여름

솔도라지 (니렘베르기아)

기르기 포인트 | 열대, 아열대 아메리카에 많이 자생하는 내한성 숙근초로 도라지꽃을 닮은 깔때기형의 종 같은 꽃이 많이 핀다. 햇볕이 잘 들고 습기가 적당한 곳이 좋다. 부식질이 풍부한 사질토양이 적합하다. 건조에 약하므로 여름에는 물을 충분히 주고, 물기가 끊이지 않도록 유의한다. 번식은 포기나누기로 한다.

꽃피는 시기 : 봄, 여름

물망초

기르기 포인트 | 하늘색의 꽃이 무척 시원하다. 씨가 봄부터 가을까지 계속 생기기 때문에 다른 화분에 떨어져서도 잘 산다. 뿌리가 깊어지기 전에 파내서 한 화분에 모아 심는다. 물이 마르면 잎이 노랗게 되면서 지저분해지며 진드기도 잘 생기는 편이다. 예방 차원에서 가끔 수화제를 물에 묽게 타서 주는 게 좋다. 새순에 많이 생긴다.

꽃피는 시기 : 봄, 여름, 가을

애기코스모스

기르기 포인트 | 코스모스의 꽃과 닮은 작은 꽃이 무리를 지어 핀다. 화초의 키는 20~40센티 정도로, 생육이 아주 빨라서 씨를 뿌리고 70일 가량이 지나면 꽃이 핀다. 햇볕이 잘 드는 곳에서는 꽃이 사계절 계속 핀다. 꺾꽂이가 아주 잘 되며 줄기를 어느 정도 잘라서 물에 담가두면 뿌리가 내린다.

여름에는 반 그늘에서 시원하게 관리해준다. 여러해살이이므로 줄기가 굵어지는 모습도 재미있다. 건조에 약하기 때문에 용토가 마르지 않도록 관리한다. 겨울에는 바람막이가 있는 곳이나 베란다에서 관리해도 좋다. 다만 추위가 심할 때는 비닐봉지 등을 씌워놓는 것이 좋다. 화분에 심을 경우 화분에 맞게 한 달에 한 번 정도 가지치기로 수형을 잡아준다. 연분홍색의 꽃과 짙은 보라색 2종류가 있다.

꽃피는 시기 : 사계절

설화 (히말라야바위취)

범의귀과에 속하는 설화는 겨울 꽃이다. 히말라야 야산에서 피는 꽃이어서 우리나라로 친다면 한겨울에도 꽃을 볼 수 있다. 히말라야에서는 보통 봄에 꽃을 피우지만 우리나라에서는 1~2월부터 부채와 같은 잎 사이에서 아름다운 꽃을 피운다. 꽃색깔은 연한 분홍색과 아주 진한 분홍색이 있다. 겨울철에도 옥외에서 월동이 가능하지만 온실에 두면 더 빨리 꽃을 볼 수 있다. 반면 춥게 키울 때보다 꽃색깔은 덜 선명하다. 여름에 한 번 더 꽃을 볼 수도 있는데, 여름철에는 통풍이 잘 되는 시원한 장소에 두고 햇볕을 가려준다. 비료는 꽃이 진 다음과 10월경에 깻묵거름을 준다. 건조에는 강한 성질이며 물을 너무 자주 주면 잎만 커진다. 4~6월경에 포기나누기를 해서 번식시킨다. 화분에서 기를 경우에는 큰 분에서 기르는 것이 좋다.

꽃피는 시기 : 1~2월

애기달맞이

기르기 포인트 | 건조해도 잘 자란다. 두해살이지만 씨가 많이 떨어지기 때문에 여러해살이처럼 감상할 수 있다. 한겨울에 잎이 바닥에 붉게 붙어 있는 모습도 예쁘다. 용토는 마사토와 녹소토를 8 대 2로 섞어, 다른 것과 같이 심으면 좋다. 봄에 꽃을 피우고, 가을에 꽃이 또 핀다. 시비는 너무 자주 하지 않도록 한다. 가끔 생각나면 한다.

꽃피는 시기 : 봄, 가을

반잎가솔송

기르기 포인트 | 고산식물인 가솔송인데 잎에 무늬가 들어 있어 그렇게 부른다. 겨울에는 햇볕을 많이 쪼여주고 여름에는 서늘하고 직사광선이 들지 않는 곳에서 관리한다. 여름에 분갈이는 되도록 하지 않는 게 좋다. 물은 표토가 마르면 주고, 한 달에 한 번 정도 깻묵을 우려낸 물이나 하이포네스를 2천 대 1 정도로 희석해서 시비한다. 3회 연속해서 주는 것이 좋다.

꽃피는 시기 : 봄

애기용담

기르기 포인트 | 일조량은 아침 3시간 정도면 충분하다. 사계절 꽃이 피며 씨도 계속 맺힌다. 조금 큰 화분에 모아 심으면 씨가 곧바로 떨어져 새싹이 나온다. 양지나 반 음지에서 모두 잘 자란다. 분에 심을 경우 가는 마사토와 배양토를 7 대 3 정도로 혼합해서 심는다.

꽃피는 시기 : 봄, 여름, 가을

담배꽃

기르기 포인트 | 오전 햇살이 비치는 베란다 등에서 기르되 물이 마르지 않게 관리한다. 그렇다고 물을 너무 자주 주거나 통풍이 안 되면 진디가 생길 수도 있다. 한 달에 한두 번 예방 차원에서 병충작업을 해주는 것이 좋다. 반목본류여서 순자르기를 여러 번 거치면 가지 수를 늘릴 수 있다. 물론 꽃도 더 많이 달린다. 상록이면서 꽃 모양도 독특해 인기 있는 상품이다.

꽃피는 시기 : 사계절

애기싸리

기르기 포인트 | 초봄에 꽃을 피우는 애기싸리는 꽃 향기가 무척 달콤해 꽃을 따서 먹고 싶을 정도다. 꽃색은 분홍 바탕에 노란색이 들어간 것과 하얀색 바탕에 노란색이 들어간 두 종류가 있다. 용토는 마사토와 녹소토를 7 대 3으로 섞는다. 수형은 잘 생긴 것이 드물지만 구할 수만 있다면 꼭 한번 키워볼 만하다. 하지만 가격이 만만찮다. 분갈이는 자주 하지 않는 것이 좋다. 시비를 너무 진하게 하면 갑자기 말라버리는 일도 있으므로 주의한다.

꽃피는 시기 : 초봄

월광화

기르기 포인트 | 반관목이지만, 추위에 매우 약한 게 흠이다. 하지만 꽃은 2개월 정도의 주기로 계속 피고 진다. 은은한 향기도 나기 때문에 키워볼 만하다. 건조하지 않도록 관리하고 봄, 가을, 겨울에는 햇볕을 많이 쪼어주는 게 좋다.

꽃피는 시기 : 봄, 여름

화 분 에 • 담 긴 • 야 생 화 • 잘 • 기 르 는 • 법

고산진달래

기르기 포인트 | 목본류이며 꽃잎은 7장이다. 분홍색의 꽃이 하나씩 필 때면 온통 마음을 빼앗아버린다. 덩이거름을 2달에 한 번씩 올려주거나 하이포넥스를 묽게 시비해준다. 햇볕이 모자라면 꽃색이 연해지면서 잎이 왜소해진다. 하루 5시간 정도는 해를 보여주어야 한다. 꽃이 지면 가지치기를 한 후에 햇볕이 가장 잘 드는 곳에 둔다.

꽃피는 시기 : 봄

4 야생화 작고 알차게 기르는 법

앙증맞게 잘 자란 야생화 하나는 아무리 덩치 크고 잘 생긴 관엽식물이라도 바꾸지 않는다. 값을 따진다면 관엽식물이 더 비싸지만 야생화를 좋아하는 사람들은 키 작은 야생화를 더 좋아한다. 야생화는 작을수록 보는 재미가 있기 때문이다. 거실 한구석을 치지하고 있는 덩치 큰 관엽식물보다는 창틀에 놓여 있는 야생화의 소담스런 매력을 알기 때문이다.

모든 야생화가 처음부터 작은 것은 아니다. 길가에 흐드러지게 피는 코스모스를 보면 어떤 자리에서는 1미터가 넘는 것도 있고, 30센티도 채 못되는 키 작은 꽃이 있다. 또 어떤 민들레는 잎이 작고 꽃도 거의 땅에 달라붙어, 양지바른 풀밭에서 자라난 살찐 민들레하고는 대조를 이룬다. 이것은 기름진 땅과 메마른 땅으로 인해 생겨나는 현상들이다. 생육 조건의 차이인 것이다. 이러한 현상의 근본원리를 잘 활용한다면 몸집이 큰 야생화도 어느 정도는 작게 기를 수가 있다. 여기에는 몇 가지 방법이 있다.

물과 거름을 적게 준다

일반적으로 초본 야생화 몸집은 90퍼센트 이상이 물로 이루어져 있고, 그 몸집 안에서 물이 이동을 하면서 필요로 하는 각종 물질을 각 부분에 고루 공급해가며 생명을 유지한다.

그런데 이런 물이 부족할 때에는 자연적으로 모든 생육 기능이 위축되면서 몸집이 작아지는 현상을 보인다. 앞서 얘기한 키 작은 코스모스나 민들레 등이 이런 현상으로 인해 생겨난 것들이다. 야생화를 화분에 심어 가꿀 때에도 이런 이치를 잘 활용하면 원래의 크기보다 작게 가꾸어낼 수 있다. 이를 위해서는 무엇보다 세심한 관찰과 관리가 필요하다. 즉 잎이 시들 기미가 보인다고 판단될 때에만 물을 주는데, 물 주는 양은 평상시처럼 화분 밑구멍으로 흘러나올 정도로 충분히 주되(물의 양을 줄이면 분토가 고루 젖지 않아 뿌리털이 말라죽는 결과가 생긴다), 한 번 주고 다음에 줄 때까지의 시간 간격을 가능한 한 길게 연장시키라는 얘기다. 어느날 갑자기 시작하는 것보다 적응 기간을 차차 늘려나가는 것이 좋다.

물론 이런 방법으로 키울 수 있는 야생화는 정해져 있다. 즉 산이나 들판의 양지바른 곳 또는 바위 위나 자갈밭 등에서 자라는 야생화에는 적용시킬 수 있지만 습지나 물가 등에서 자라는 야생화는 물이 모자라면 잎의 가장자리에서부터 말라버린다.

거름도 적게 주어야 한다. 한정된 분 안의 뿌리

가 양분을 과잉 섭취하면 몸집이 커질 수밖에 없으므로 거름을 적게 주어야 야생화의 몸집을 어느 정도 작게 가꿀 수가 있다.

앞서 얘기했듯 질소는 잎과 줄기 등 몸집을 크게 가꾸고, 인산은 주로 꽃이 피고 열매를 맺는 데, 칼리는 뿌리를 충실하게 하는 거름이라 했다. 그러므로 몸집을 작게 가꾸기 위해서는 질소를 주지 말거나 또는 아주 적게 주어야 한다. 하지만 주변에서 쉽게 구할 수 있는 덩이거름을 비롯하여 물거름 등은 세 가지 거름 요소를 고루 함유하고 있기 때문에 선택적으로 준다는 것은 불가능한 일이다.

게다가 기르는 야생화가 꽃이 피기를 원하는 이상 거름을 전혀 주지 않는다는 것도 있을 수 없는 일이다. 따라서 거름을 적게 주거나 주는 횟수를 줄이는 한편 물로 양분을 조절해야 야생화를 작게 기를 수 있다.

작고 얕은 분에서 기른다

모든 식물은 키가 커지는 만큼 그 몸집을 지탱할 뿌리도 커진다. 따라서 뿌리 발달을 최대한 억제시킬 수 있는 얕은 화분을 사용해야 한다. 한 가지, 작고 얕은 토분(土盆) 사용은 피하는 게 좋다. 경험으로 미루어보면 토분은 통기성이 뛰어나 식물이 살기에는 좋은 조건을 갖고 있지만 너무 빨리 말라 특히 여름철에는 물 관리가 쉽지 않아 결실을 보기도 전에 말라죽기 십상이다.

일반 가정에서 나무를 분에 심을 때 몸집에 비해 월등히 큰 분에 심어놓은 경우를 볼 수 있다. 큰 분에 심어놓으면 뿌리가 잘 자라날 것으로 생각해서인데, 실은 그와는 정반대의 결과가 일어난다. 뿌리의 크기에 비해 흙의 양이 지나치게 많아 물을 주면 오래도록 습한 상태가 지속되고, 그에 따라 흙의 온도가 떨어져 뿌리가 잘 자라나지 않기 때문이다.

따라서 야생화를 튼튼하고 짜임새 있게 가꾸자면 몸집에 비해 다소 작은 분에 심어야 한다. 이는 뿌리의 크기와 흙의 양 사이에 균형이 제대로 잡혀 과습 상태에 빠지는 일이

없을 뿐만 아니라, 알맞은 수분이 유지됨으로써 흙의 온도가 상승하여 뿌리의 신장에 도움을 주기 때문이다.

이런 방법을 응용해 작은 분에 심어놓으면 자연적으로 수분과 양분의 흡수가 여의치 않아 생육 상태가 둔화되는 경향을 보인다. 생육 상태가 둔화될 때에는 필연적으로 몸집이 작아지기 마련이다. 야생화를 작게 기르는 가장 이상적인 방법이다. 하지만 좀더 세심한 물관리가 따라야 한다.

햇빛을 충분히 쪼여 기른다

야생화가 필요로 하는 햇빛의 양이 부족할 때에는 부족한 양을 보충하기 위해 정상적인 잎보다 더 넓고 큰 잎을 갖게 된다. 그와 함께 마디 사이가 길어지는 웃자람 현상이 일어나는데, 양지식물일 경우 이런 현상은 더 심하게 나타난다.

식물이 웃자랄 때에는 잎을 비롯하여 몸집 전체가 커지고 짜임새가 없어질 뿐만 아니라 조직 자체가 연해진다. 반대로 햇빛을 충분히 쪼일 때에는 잎이 약간 작아지고 마디 사이가 짧아져 짜임새 있는 외모를 갖추게 된다. 또 양지바르고 바람이 잘 닿는 곳에서 기를 때에는 몸집 속의 물이 잎의 숨구멍을 통해 공중으로 빠져나가는 양이 많아진다. 이에 대한 방어책으로 잎이 작아지는 한편 조직이 두터워지는 현상이 생긴다.

따라서 야생화의 몸집을 작게 키우자면 햇빛을 충분히 쪼이게 해주는 한편 바람이 잘 닿는 자리에서 가꾸어야 한다. 그러나 그늘진 곳에서 자라는 음지식물은 강한 햇빛이 닿을 경우 잎이 타들어가는 현상을 보인다.

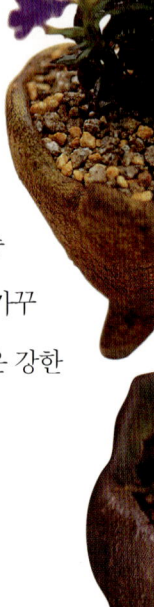

순자르기를 해서 기른다

나무의 경우 새로 자라나는 줄기와 가지의 마디마다 잎을 갖고 있다. 그 잎겨드랑이에는 반드시 다음 생육기를 위한 눈〔芽〕이 자리하고 있는데, 봄이 되면 이 눈들이 돋아나 줄기가 길게 자라나고 몇 개의 새로운 가지를 친다.

그 눈이 움직이는 모양을 살펴보면 줄기와 가지의 꼭대기에 자리한 눈은 지난해의 경우와 같은 방향으로 길게 자라고, 그 아래쪽에 자리한 한두 개의 곁눈이 함께 움직여 새로운 곁가지를 형성한다. 그리고 그보다 아래쪽에 자리한 곁눈은 움직이지 않은 채 잠들어 숨은눈〔潛芽〕이 되어버린다. 이 숨은눈을 활용하는 것이다. 숨은눈은 비상시에 대비하기 위한 눈이다.

즉 어떤 원인으로 인해 윗부분의 눈이 말라죽거나 또는 가지치기나 가지다듬기 등에 의해 제거되었을 때 숨은눈이 활동을 시작해 새로운 줄기와 곁가지를 형성하게 된다.

겨울에 줄기와 잎이 얼어 죽어버리는 숙근성 야생화의 경우에도 만약의 사태에 대비하기 위하여 잎겨드랑이마다 나무의 숨은눈과 같은 성질을 가진 눈이 자리하고 있는데, 윗부분이 꺾이거나 줄기와 가지가 절단될 경우 남은 부분의 숨은눈이 움직여 생장을 계속해 나간다. 이런 경우 숨은눈이 활동을 시작하는 데에는 적지 않은 시일이 걸린다. 그래서 피해를 입은 뒤 재차 자라나는 줄기와 가지는 자연적으로 길이가 짧아지기 마련이다. 이런 성질을 이용한 순자르기를 해서 야생화 몸집을 작게 가꿀 수 있다.

한 가지, 이 방법은 여름부터 가을에 걸쳐 꽃이 피는 야생화에 대해서만 실시할 수 있고, 봄철에 꽃이 피는 종류에 대해서는 적용시킬 수 없다. 봄철에 꽃이 피는 야생화는 싹이 돋아날 때 이미 생장점에 꽃눈을 갖고 있기 때문에 순자르기를 하게 되면 꽃눈도 함께

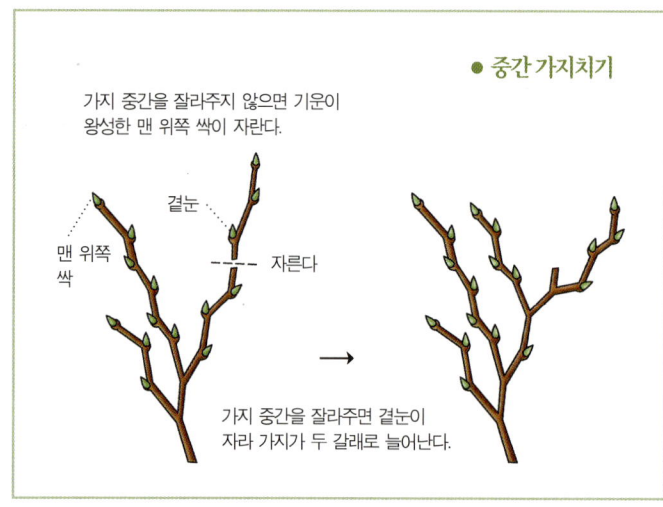

● 중간 가지치기

가지 중간을 잘라주지 않으면 기운이 왕성한 맨 위쪽 싹이 자란다.

맨 위쪽 싹
곁눈
자른다

가지 중간을 잘라주면 곁눈이 자라 가지가 두 갈래로 늘어난다.

따버리는 결과를 초래해 꽃을 볼 수 없기 때문이다.

그러나 여름부터 가을에 걸쳐 꽃이 피는 야생화는 몸집이 완성 단계로 접어들어야만 비로소 꽃눈이 생겨나는 습성을 갖고 있고, 시간적인 여유가 많기 때문에 순자르기의 방법을 실시할 수 있다. 순자르기 방법은 보통 분재를 기르는 데 많이 이용되는데, 이 방법을 그대로 응용하면 야생화를 작게 키울 수 있는 가장 확실한 방법이 될 수 있다.

순자르기하는 법

순자르기는 가위를 이용해 하는 방법이고, 순따기는 손으로 하는 방법을 말한다. 대체로 연약하고 식물체가 작은 야생화는 손으로 하는 것보다 원예용 가위를 이용하는 것이 일반적이다. 예로 40~50센티 정도의 큰 몸집을 갖고 있고, 여름이나 가을에 꽃이 피는 야생화는 새싹이 15~20센티 정도로 자라날 때 잎 3~4장만 남기고 순자르기를 해버린다. 그러면 남은 부분의 잎겨드랑이에 자리하고 있는 두세 개의 숨은 눈이 서서히 움직여 새로운 줄기와 가지를 형성한다.

이렇게 되면 정상적인 생장을 계속한 것에 비해 몸집이 3분의 2 정도밖에 되지 않은 상태에서 꽃이 피며 보다 많은 가지를 쳐 짜임새 또한 좋아진다.

키가 1미터 가까이 크게 자라는 야생화는 순자르기를 거듭해야 한다. 즉 첫번째 순자르기에 의해 자라난 새로운 줄기와 가지가 10~15센티 정도로 자랐을 때 다시 한 번 처음과 같은 요령으로 순자르기를 해준다. 단, 마지막 순자르기는 정상적인 개화기를 두 달 가량 앞두고 실시해야 하며 그보다 늦게 할 때에는 꽃을 피우지 못하는 경우가 생겨난다. 특히 늦가을에 꽃이 피는 종류는 늦게 순자르기를 할 경우 꽃망울이 한창 자라는 과정에서 서리나 추위를 맞아 꽃이 피지 못하게 된다.

● 순자르기

잎 2~3장을 남기고 새순을 잘라낸다.

잘라내고 남은 부분의 잎겨드랑이에 자리하고 있는 숨은눈이 서서히 움직여 새로운 줄기와 가지를 형성한다.

싹을 떼지 않은 경우

가지 수를 늘리고 싶을 때는 가지 끝의 싹을 떼어낸다.

4 야생화, 작고 알차게 기르는 법

5 야생화 수명을 결정짓는 분갈이법

야생화를 처음부터 키울 자리에 파종하여 재배하는 경우도 있지만, 대개는 비닐 포트나 플라스틱 포트 등에 파종하여 어느 정도 식물이 성장한 후에 이식을 행하는 것이 보통이다.

이렇게 키운 식물을 화단 등에 마지막 단계로 심는 것을 '정식(定植)'이라 하고, 화분에 정식하는 것을 '분식(分植)'이라 한다. 그러니까 '분갈이'는 분식한 식물이 자라 커지거나 또는 필요에 따라 흙과 함께 다른 화분에 옮겨 심는 것을 말한다.

포기나누기를 하여 개체 수를 늘릴 수도 있고, 엉킨 뿌리를 풀어줌으로써 정상적인 생육을 돕기도 한다. 무엇보다 여러 해 동안 흙을 갈아주지 않으면 흙 속의 양분이 없어져 병충해가 생기기 쉽기 때문이다.

분갈이는 야생화의 성장 속도를 고려해, 시기나 횟수를 조절해 좀더 큰 화분으로 옮겨 심어야 한다.

어떤 때에 갈아 심는가

일반적으로 1년에 한 번씩 갈아 심는다. 생육이 왕성하고 뿌리가 잘 자라는 종류는 뿌리가 엉켜 가득 차는 현상이 빨리 일어나므로 1년에 2회씩 갈아 심는 경우가 있다. 또 포기가 충실치 않아 꽃이 잘 피지 않는 종류 등은 시기나 횟수를 고려해, 2~3년에 1회씩 갈아 심는 것도 있다.

많이 자라난 뿌리를 잘라내어 갈아 심고 나면 한동안은 야생화의 성장이 멈칫한다. 빈번히 자주 갈아 심으면 몹시 약화되는 것도 있다.

그러므로 야생화의 종류와 생육 습성에 맞추어서 갈아 심는 작업을 실시해야 한다. 기르고 있는 화분을 잘 관찰해 다음과 같은 변화가 일어난다면 갈아 심기한다.

첫째, 물을 줘도 곧장 분 밑구멍으로 빠져나가지 않고 얼마 동안 분토 위에 물이 고여 있을 때

둘째, 뿌리가 꽉 차 잔뿌리가 분 화분 밑 구멍 밖으로 뻗어 나와 있을 때

셋째, 포기는 커졌지만 꽃이 달린 상태가 불량할 때

넷째, 새순의 자라남이 불량하고 활기가 없을 때

다섯째, 병충해의 피해를 입었을 때

통기성과 배수성이 좋은 흙을 사용한다

분갈이를 할 때는 거름기가 없고 통기성과 물 빠짐이 좋은 흙을 사용해야 하는데 돌꽃토가 무난하다. 특히 뿌리를 잘라 상처를 입은 야생화를 옮겨 심을 때는 반드시 돌꽃토를 써야 한다. 거름기가 있는 흙에는 병균도 함께 있기 마련이어서 상처가 있는 뿌리를 이런 흙으로 사용하면 뿌리가 썩을 수 있기 때문이다.

물은 서서히 듬뿍 주어야 한다. 물을 줄 시간이 지났는데도 화분이 마르지 않고 있다는 것은 건조의 위험신호라고 보아야 한다. 가루흙을 쳐내지 않고 그냥 심었을 때에도 이런 현상이 일어난다.

갈아 심기를 실시한 후 오랜 기간이 지난 것은 흙눈(용토 사이의 공간)이 막혀 물이 스며들지 못하는 경우가 있는데 이런 것은 빨리 골라 처리한다.

분갈이하는 법

1. 우선 분갈이할 묘를 분에서 뽑아낸다.
2. 뿌리가 상하지 않게 묵은 흙을 모두 털어내고, 상해서 시꺼멓게 된 뿌리를 제거한다.
3. 잔뿌리가 많이 나오는 일반적인 야생화는 3분의 1쯤 잘라낸다.
4. 분 밑구멍에 망을 덮고 굵은 알갱이 용토를 넣은 다음, 그 위에 작은 알갱이 용토를 절반쯤 넣는다. 체로 가루흙을 빼내고 난 알갱이만을 선별하여 사용해야 하며 때로는 용토를 물에 씻어 흙가루를 없애기도 한다. 굵은 알갱이 용토를 밑바닥에 까는 것은 물이 괴지 않도록 하고 물 빠짐을 좋게 하기 위한 것이다. 거친 것일수록, 두껍게 넣을수록 물 빠짐이 잘 이루어진다. 건조를 좋아하는 것에는 거친 것을 많이 넣고, 물기를 좋아하는 것은 고운 알갱이 용토를 사용한다.

1

5. 위에다가 뿌리를 넓게 펴서 앉히고 뿌리 사이에 용토가 충분히 들어가도록 하면서 나머지 용토를 천천히 부어 넣는다. 용토는 분의 가장자리에서 1센티 쯤 낮아지게 넣는다.

6. 흙가루가 묻어 있는 용토로 갈아 심었을 경우엔 물주기를 여러 차례 되풀이하여 흙물이 분 밑구멍으로 모두 씻겨 내리게 해야 한다.

분갈이 이후의 관리법

아무리 분갈이를 잘했다고 하더라도 이후의 관리가 소홀하면 그것은 하나마나다. 이전보다 더욱 정성을 쏟아야 하며, 특히 흙을 많이 털어냈거나 뿌리를 많이 자른 것일수록 신경을 써야 한다.

이런 것들은 무리에서 빼내 별도로 관리를 해야 하는데 이렇게 관찰한 것들을 기록으로 남겨두면 다음 분갈이 때 많은 도움이 된다. 다음은 분갈이 이후의 관리법이다.

첫째, 갈아 심기(분갈이)가 끝나면 분 밑구멍으로부터 흙물이 나오지 않을 때까지 물주기를 충분히 한다.

둘째, 2~3일 동안 강한 바람을 맞지 않도록 하고, 직사광선이 닿지 않는 밝은 그늘 밑에 놓고, 천천히 햇볕에 익숙해지도록 한다.

셋째, 갈아 심은 지 2~3주가 지난 뒤부터는 묽은 물거름을 주어도 무방하다. 옮겨 심기를 싫어하는 개양귀비 같은 종류는 흙이 무너지지 않게 그대로 뽑아 보다 큰 화분에 그냥 넣고 주위에 새 흙을 채워준다. 뿌리가 많은 설앵초, 복수초 등은 뿌리가 끊어지지 않도록 신경을 쓰면서 가는 막대로 뿌리 사이사이에 용토를 잘 밀어넣는 것이 중요하다.

계절에 따라 갈아 심는 법

갈아 심기는 꽃이 진 이후라면 불볕더위와 엄동설한을 제외하고 언제든지 갈아 심을 수 있지만 비 오는 날에 하면 더욱 좋다.

깽깽이풀, 자운영과 같이 옮겨 심기와 뿌리 손질을 싫어하는 종류가 있다. 갈아 심기를 싫어하는 것을 굳이 옮겨 심어야 할 때는 뿌리가 상하지 않도록 묵은 흙을 지나치게 털지 말고 심어야 안전하다.

계절별로 살펴보면 여름에는 어떤 특별한 일이 없는 한 갈아 심기는 하지 않는다. 다만, 뿌리가 가득히 엉켜 통기성과 물 빠짐이 극도로 불량하여 여름 더위에 말라버릴 염려가 있는 것은 응급처치로서 용토의 일부를 제거하고 갈아 심어서 가을의 본격적인 갈아심기 시기까지 지탱해나갈 수 있도록 한다.

가을에는 9월 하순경, 즉 여름 더위가 누그러지고 아침저녁이 선선해질 무렵이면 얼레지, 현호색, 대바람꽃 등 봄에 일찍 꽃피는 종류를 갈아 심는다. 여름 더위로 상한 것, 봄에 갈아 심지 않았던 것도 이 시기에 분갈이하여 추위에 견디어낼 튼튼한 포기로 만들어서 겨울철을 대비한다.

겨울철에는 갈아 심기가 적절하지 못한 종류가 많으므로 거의 행하지 않는다. 겨울에는 이른봄의 갈아 심기를 생각해서 분이나 용토를 미리 준비해두어야 한다.

일월비비석

6 야생화로 연출하는 분경

분경(盆景)은 경치가 있는 화분을 포괄적으로 일컫는 말이다. 대개 넓은 분이나 판석(板石) 위에 자연석과 야생화를 이용해 다양한 산수경을 연출해놓은 것을 말하는데, 잘 만든 분경 앞에 서면 한동안 말을 잃을 정도다.

그 때문에 야생화를 기르는 사람이라면 한번쯤 만들어보고 싶어하는 것이 분경이다. 더구나 분경은 모양이 저마다 다른 자연석을 이용할 뿐 아니라 사람에 따라 연출하는 방법이나 시각이 달라 똑같은 모양의 작품이 한개 이상 나올 수 없다.

하지만 제대로 된 분경을 만드는 데는 시간과 비용이 만만찮게 드는 데다 무엇보다 십수 년의 경험이 있어야 가능하다. 그렇다고 미리 겁낼 것도 없다. 어떤 재료(분)와 소재(야생화)를 사용하느냐에 따라 다르겠지만 적은 비용으로도 얼마든지 가능하기 때문이다. 자연을 닮고 싶은 마음과 그동안 산세를 관심있게 보아온 사람이라면 멋들어진 분경을 연출할 수 있다.

분경에 어울리는 화분과 돌멩이 구하기

우선 화분을 고를 때는 사기분보다는 동판분이 좋다. 자연석하고 잘 어울리기도 하지만 운반이 용이하고 무엇보다 깨질 염려가 없다. 시중에서 판매하고 있는 동판분은 대충 30센티~2미터까지 있는데 처음부터 무리하게 큰 것은 피한다. 차츰차츰 크기를 넓혀 가는 것이 좋다.

분경용으로 판매하는 자연석이 있지만 가격대가 만만찮으므로 직접 구하는 편이 비용이 훨씬 저렴해진다. 대신 주의할 점은 자연석을 고를 때는 분경 위에 올려진 돌멩이들의 질감이 같은 것이어야 한다는 것이다. 그래야만 전체적인 조화를 이룰 수 있기 때문이다.

야생화는 분경용으로 따로 구입해도 되지만 화분에서 기르고 있는 것들을 뽑아 사용하고 모자라거나 필요한 것만 구입해도 된다. 마무리용으로 쓰이는 이끼도 주변에서 얼마든지 구할 수 있다.

완성된 분경은 집중력을 키우는 데도 활용할 수 있다. 특히 한 가지에 오래 집중하지 못하는 사람에게는 그만이다. 분경을 앞에 놓고 이런 숙제를 내준다.

"앞에 보이는 것은 거대한 산이다. 나는 이 모래알처럼 조그맣다. 지금부터 이쪽 끝에서 저쪽 끝까지 등산을 하는데, 절벽을 뛰어넘든 돌아가든 그것은 자유다."

어떤 이는 10초만에 등산을 마칠 수도 있고 어떤 이는 10분 정도가 걸릴 수도 있다. 실제로 120센티짜리 분경 하나를 등산하는 데 1시간을 땀을 뻘뻘 흘리며 넘는 사람도 있다.

적풍지초

금강산을 닮은 분경

준비물
긴 화분, 자연석, 생명토, 녹소토, 굵은 마사토, 애기철쭉, 애기별꽃, 이끼.

1. 먼저 화분은 얕고 긴 것으로 준비한다. 크면 클수록 좋지만, 처음부터 큰 것은 무리다. 준비된 화분에 굵은 마사토를 3분의 1정도 깐 다음 가는 일반 마사토와 녹소토를 1 대 1 비율로 섞어 깔고 물을 부어 흙을 다진다.

2. 돌을 배열할 때는 자연 속의 산하를 축소해 놓은 듯한 느낌이 들도록 원근법을 적절히 적용하여 연출한다. 화분이 크면 클수록 봉우리를 여러 개 연출할 수 있지만 보통 크기의 화분에서는 2봉 내지는 3봉까지만 연출한다.

3. 가장 잘생긴 돌을 제1봉으로 하고, 돌의 모양을 살려 2봉과 3봉이 산세의 흐름에 맞도록 자연스럽게 연출한다. 주봉(主峰)보다 높은 봉을 만들어서도 안 되지만, 전체적인 조형물은 분토에서 3분의 2가 넘지 않도록 해야 한다. 돌로 분토를 너무 채우면 공간감과 거리

감이 없어져 한국의 동양화에서 느낄 수 있는 여백의 미를 연출할 수 없기 때문이다.

4. 돌과 돌 사이를 고정시킬 때는 접착이 용이한 생명토를 이용하고, 돌을 다 세우고 난 다음에는 가장 적절한 위치에 주목(主木)과 주목을 받쳐주는 간지목을 조화롭게 심는다. 식물의 크기는 돌보다 크지 않게 심어야 한다. 그래야 원근법이 살아난다.

5. 애기별꽃을 심을 때는 산과 산 사이 또는 산자락으로 연결되는 평원의 느낌이 들도록 심는다.

6. 맨 마지막으로 이끼로 분토를 덮어 마무리 하는데 돌과 돌 사이를 잘 정리해 들판의 느낌이 들도록 연출한다. 봄부터 가을에 걸쳐 꽃을 피우는 수종으로 계절의 감각에 맞게 심어놓으면 분경을 오래오래 감상할 수 있다.

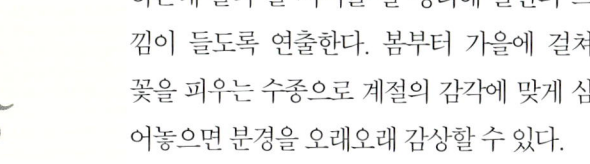

7 덤으로 배우는 난 붙이는 법

원예전문점엘 가면 크고 작은 돌에 난 등을 붙여 키우는 것을 보았을 것이다. 이것을 석부라고 하는데 몇 만 원에서부터 몇 십만 원 하는 것까지 있다. 돌의 모양과 난이 얼마나 조화롭게 연출되었느냐에 따라 값이 결정되는데 만드는 방법이 그리 어려운 것은 아니다.

난과 식물은 원예종의 수만도 3천 속, 3만 종이 넘는다. 이중에서도 취미로 가꾸는 것만 250속이나 되고 원예 기술의 발달로 자연계에서는 존재하지도 않는 원예 개량품종만도 이미 4만 종이 넘는다.

우리나라에는 제주도의 한란을 비롯해 45속, 93종의 난과 식물이 주로 중부 이남과 남해 도서 지방에 자라고 있는데, 석부 소재로 많이 쓰이는 난은 배양종인 풍란과 석곡, 나도풍란이 주로 쓰인다. 어떤 난을 붙이는가에 따라 다르지만 소개한 이들 난이 돌 등에 착생하는 데까지는 최소 6개월 이상이 걸린다.

풍란 (부귀란)

풍란이란 이름은 바람이 잘 통하고 공중습도가 높은 곳에서 자라기 때문에 붙여진 이름이다. 생명력이 질기고 영원히 죽지 않는다고 해서 불사초라고도 부른다. 상록의 다년초이며 배양품종은 대엽, 중엽, 소엽이 있다.

여름에 잎 사이에서 길이 10~11센티의 꽃대를 내밀고 하얀색의 꽃을 피우는데 향기가 그만이다. 상류층 사람들이 좋아한다고 해서 부귀란이라고도 불린다.

풍란은 열악한 환경 조건에서도 잘 자라지만 낮은 온도에선 좀처럼 이겨내지 못한다. 때문에 10도 이하가 되면 우선 가온을 해주어야 하는데, 그렇지 않고 0도 이하로 겨울을 지내게 하면 싱싱하게 보였던 잎이 날이 풀리기 시작하면 기다렸다는 듯이 한꺼번에 주주룩 떨어진다.

무엇보다 풍란은 착생난이기 때문에 공중습도가 70퍼센트를 넘어야 한다. 그 이하로 떨어지면 인위적으로 공중습도를 높여주어야 한다. 온도가 낮고 습도가 부족하면 발육이 정지되고 석곡처럼 잎이 떨어진다.

물주기는 겨울철에는 일주일에 한 번 정도 따뜻한 오전 중에 가볍게 분무해주고 춘분이 지나서 추분까지는 2~3일에 한 번 충분히 주고 가을철로 접어들면서 차츰 줄인다.

약 3개월 정도의 긴 겨울철 동안은 수분이 부족해서 잎과 뿌리가 모두 축 늘어져도 물을 주지 않는 인내심이 있어야만 풍란을 잘 가꿀 수 있다. 그래서 인내초라고 한다.

겨울 동안 물을 안 주어서 쭈글쭈글해졌던 잎이나 뿌리가 3월 중순경부터 물주기를 시작하면 일주일 내로 본래의 모습으로 싱싱하게 되살아날 뿐 아니라 번식도 잘 한다.

12~2월 사이를 제외하고는 꼭 차광을 해주는 것이 좋다. 그렇다고 해가 너무 부족하면 번식 배양 및 번식에 대단한 영향을 미치므로 세심한 주의가 필요하다. 건강한 것은 해를 많이, 약한 것은 조금 덜 쪼여주는 것도 요령이다.

석곡 (장생란)

풍란과 함께 우리나라 제주도를 비롯한 서남 도서 지방 산 속의 고사목이나 암벽에 착생하여 자라는 기생란이다. 다년초 중의 하나인 덴드로비움과 같은 속이다. 이를 장생란이라고 부르는 까닭은 고대 중국에서 불로장생의 영약으로 쓰여졌기 때문이다.

뿌리줄기에 다소 뻣뻣한 수염뿌리가 있으며, 줄기 모양은 원통형이며 광택이 있다. 흰 꽃이 핀다.

재배법은 그리 까다롭지 않지만 약간 어려운 점이 있다면 가을부터 겨울까지 동면한다는 점이다. 햇볕은 풍란이나 나도풍란과 달리 온종일 직사광선을 쬐어도 좋다. 늘 그늘에만 두면 줄기와 잎이 모두 연약해져서 병이 들고 꽃도 잘 피지 않는다.

물은 충분히 주되, 표면의 이끼가 마를 정도에 주는 게 가장 좋다. 늘 젖어 있으면 발육이 좋을 수가 없고 늦가을부터는 휴면기에 들어가므로 너무 건조하지 않도록 한다. 그리고 추울 때는 잎이 떨어지므로 이 시기에는 관상 가치가 떨어지지만 어쩔 수 없는 일이다. 높은 온도의 실내에서는 동면을 하지 않고 잎이 그대로 있지만, 석곡은 약간 춥게 키울수록 더 예쁘고 튼실한 꽃을 올린다.

대부분을 밖으로 노출시켜 자라는 착생란이다. 통기성이 좋은 작은 토분이나 고목, 바위 등에 뿌리를 붙여 키운다. 흙 속의 건조를 막기 위해 이끼 등으로 약간 덮어주고 느슨하게 묶어주면 2~3개월 정도 지나서 착생한다.

나도풍란 (대엽풍란)

나도풍란은 대엽풍란으로 더 많이 알려져 있다. 나무줄기나 암벽에 붙어 자란다. 바람에도 잘 견디며 낮은 저온에서도 잘 자라지만 공중습도가 낮으면(75퍼센트 이하) 살기 어렵다.

밝고 통풍이 잘 되는 곳에 두고 오전 중에만 해가 드는 곳이 좋다. 생장 기간에는 하루에 한 번씩 물을 충분히 주고 겨울철에는 이끼가 마를 정도로 건조하게 월동시킨다.

또 너무 밝은 곳에 두면 잎이 작아지고 잎 모양도 둥글게 되지만 반대로 너무 어두운 곳에 두면 잎이 길어지고 모양이 없어진다.

생육 속도가 빠르고 기르기가 쉬워 집에서 다양한 형태의 분물로 재배할 수 있다. 담황색의 꽃이 피며 향기가 그윽하다.

돌에 난 붙이는 법

1. 아무 돌이나 사용하는 것은 아니다. 석부 재료로 쓸 수 있는 돌은 표면이 맨들맨들한 돌보다는 조금 거칠어야 난 뿌리가 달라붙기 좋다. 구입한 소엽풍란은 이끼를 깨끗이 털어내고 뿌리에 묻은 물기를 말린다.

2. 우선 난이 움직이지 않게 실로 한 번 묶어준다. 난이 안정감 있게 붙어 있을 자리를 선택한 다음, 뿌리가 자연스럽게 흘러내리도록 붙여 나간다.

3. 난을 붙일 때는 뿌리 두세 개는 위쪽으로 고정시켜야 튼튼하다. 가장 중요한 것은 발브를 돌에 밀착시킨 상태에서 붙여야 뿌리 성장이 좋아 쉽게 달라붙는다.

4. 난을 붙일 때 쓰이는 본드는 나무 본드를 사용하는데, 쓸 만큼을 용기에 덜어내 휘발성을 날려보낸 다음 이쑤시개에 묻혀 쓴다. 너무 본드칠을 많이 하면 물을 묻혔을 때 그 부위가 하얗게 변해 보기 싫다. 한 가지 주의해야 할 것은 새로 나오는 뿌리는 가능한 본드칠을 삼가고 묵은 뿌리만으로 돌에 고정시킨다.

기르기 포인트 | 석부작을 잘 기르려면 무엇보다 공중습도를 높여주어야 한다. 수시로 분무기를 이용해 물을 뿌려주는 것도 좋지만 돌 주변에 모래를 깔고 물을 채워 주변 습도를 높여주는 것이 좋다

죽은 나무에 난 붙이는 법

돌에 붙이는 것을 석부라고 한다면, 나무에 붙이는 것을 목부라 한다. 오래된 나무 뿌리를 많이 이용한다. 목부작을 만드는 요령은 석부와 동일하다. 단, 돌에 붙일 때보다는 잘 붙지 않는다. 나무가 깨끗이 마른 상태에서 붙이면 한결 쉽다. 석부도 마찬가지겠지만 본드칠을 하기가 애매할 경우에는 뿌리를 붙이고자 하는 자리에 놓고 실로 동여매는 방법도 있다. 3~6개월 정도가 지나면 뿌리가 자리를 잡아 뻗어나간다.

부록

희귀 및 멸종위기 식물
특산식물
야생화를 볼 수 있는 식물원
야생화 꽃말
참고문헌

희귀 및 멸종 위기 식물

환경부에서 지정한 특정 자생 동·식물이 있다. "그 생물종이 학술적으로 보호할 가치가 있거나 멸종 위기에 처할 우려가 있는 자생 동·식물로서 자연 생태계의 균형 유지와 그 종이 멸종 위기에 처하는 것을 방지하기 위하여 환경부장관이 관계 중앙 행정기관의 장과 협의하여 지정, 고시하는 자생 동·식물(자연환경보전법 제3조 제4호)"로서 자연 속에서 우리들이 적극적으로 보호하고 보존하여야 할 것이다. 특히 이와 같은 종들은 특별한 허가를 받지 않고 채취하거나 이식, 수출, 유통하게 되면 1년 이하의 징역 또는 300만원 이하의 벌금형을 받게 된다.

한국에 자생하는 희귀 및 멸종 위기식물 72과, 161속, 191종·23변종·3아종 해서 총 217종과 후보종 42종을 선정했다. 보존 우선순위로 5위까지 보면 가시연꽃, 돌매화나무, 깽깽이풀, 설악눈주목, 순채 등이 있다. 그 밖에 끈끈이주걱 6위, 나도풍란 23위, 한란 25위, 금강초롱꽃 51위, 솜다리 52위, 창포 53위, 미선나무 63위, 새우난초 70위, 문주란 94위, 왕벚나무 110위, 삼지구엽초 128위 등에 올라 있다. 한편 희귀 및 멸종 위기식물 보존 후보 중에는 검은구상, 해오라비난초, 고추냉이 등 42종이 있다.

섬댕강나무, 댕강나무, 줄댕강나무, 미선나무, 구상나무, 지리산오갈피, 가시오갈피, 세뿔투구꽃(미색바꽃), 지이바꽃, 노랑돌쩌귀(백부자), 한라돌쩌귀, 창포, 도라지모시대, 야고, 나도풍란, 왕자귀나무, 여우꼬리풀, 두메부추, 산마늘, 대성쓴풀, 구름떡쑥, 금강봄맞이, 바이칼바람꽃, 홀아비바람꽃, 바람꽃, 홍월귤, 백량금, 두루미천남성, 섬천남성, 선남성, 쥐방울덩굴, 등칡, 한라개승마, 개족도리, 파초일엽, 정선황기(한라황기), 섬매발톱나무, 망개나무, 청사초, 먼넌출, 좀고채목, 자란, 오리나무더부살이, 순채, 콩짜개난, 등대시호, 섬시호, 어리병풍, 새우난초, 여름새우난, 금새우난, 섬초롱꽃, 참고추냉이, 대암사초, 왕개서어나무, 노란팽나무, 물고사리, 키큰산국, 한라구절초, 울릉국화, 바늘엉겅퀴, 누른종덩굴, 매화오리, 개회향, 히어리, 이노리나무, 약난초, 두잎약난초, 문주란, 고란초, 한란, 대흥란, 광릉요강꽃, 개불알꽃, 백서향, 석곡, 돌매화나무(암매), 진부애기나리(금강애기나리), 끈끈이귀개, 끈끈이주걱, 개느삼, 담팔수, 시로미, 삼지구엽초, 너도바람꽃, 작은황새풀, 만년콩, 두메대극, 가시연꽃, 가침박달, 너도밤나무, 만리화, 산개나리, 으름난초, 천마, 비로용남, 갯방풍, 사철란, 닻꽃, 금강초롱꽃, 섬노루귀, 황근, 자라풀, 매미꽃, 대청부채, 꽃창포, 노랑붓꽃, 노랑무늬붓꽃, 난쟁이붓꽃, 물부추(물솔), 만주바람꽃, 깽깽이풀, 눈향나무, 해변노간주, 모감주나무, 개종용, 무엽란, 한계령풀, 솜다리, 한라솜다리, 산솜다리, 늦싸리, 갯취, 땅나리, 솔나리, 날개하늘나리, 말나리, 섬말나리, 큰솔나리, 나도개감채, 꼬리겨우살이, 줄석송, 개상사화, 백양꽃, 참좁쌀풀, 목력, 큰두루미꽃, 모데미풀, 조름나물, 장억새, 금억새, 구상난풀, 수정란풀, 소귀나무, 풍란, 좁어리연꽃(흰어리연꽃), 나도고사리삼, 땃두릅나무, 초종용, 박달목서, 백작약, 산작약, 금마타리, 만주송이풀, 구름송이풀, 낙지다리, 모새달, 섬자리공, 눈잣나무, 층층둥굴레, 설앵초, 왕벚나무, 솔잎란, 좁은잎덩굴용담, 매화마름, 노랑만병초, 만병초, 꼬리진달래(참꽃나무겨우살이), 한라산참꽃나무, 흰참꽃나무, 도깨비부채, 흰인가목, 붉은인가목, 거제딸기, 지네발란, 비자란, 삼백초, 톱바위취, 검은도루박이, 미치광이풀, 토현삼, 둥근잎꿩의비름, 국화방망이, 한라장구채, 끈끈이장구채, 자주솜대, 흑삼릉, 나비국수나무, 정향나무, 꽃개회나무 좀민들레, 설악눈주목, 연잎꿩의다리, 눈측백(찝빵나무), 백리향, 섬백리향, 한라돌창포, 뻐꾹나리, 기생꽃, 제주달구지풀, 연령초, 큰연령초, 덩굴용담, 솔송나무, 땅귀개, 통발, 이삭귀개, 들쭉나무, 월귤, 난쟁이이끼, 백운란, 태백제비꽃, 금강제비꽃, 선제비꽃, 왕제비꽃, 산닥나무, 새깃아재비.(총 217종)

특산식물

우리나라 특산종이란 원칙적으로 우리나라에만 제한적으로 자생하며 분포되어 있는 모든 특산식물을 말한다. 그러나 희귀, 멸종위기생물의 관점에서는 한국 특산종이란 모든 특산종을 총칭하는 것은 아니고, 그 가운데 사라질 위기에 처한 생물을 한정적으로 지칭한다. 이러한 생물이 그 지역에서 사라진다는 것은 곧 지구상에서 사라진다는 것을 의미하므로 더욱 중요한 의미를 가지고 보호해야 한다. 다음은 그 종류들이다.

ㄱ 가는갈퀴나물, 가는개수염(가는잎곡정초), 가는다리장구채, 가는엉경퀴, 가는장구채, 가는참나물, 가시복분자, 가야산은분취, 가야산잔대, 가지대극, 가지돌꽃, 갈사초, 갈퀴아재비, 갑산제비꽃, 갓대, 강계버들, 강계큰물통이, 개강활, 개나리, 개느삼, 개수양버들, 개염주나무, 개족도리, 갯취, 거문도제비꽃, 거제딸기, 검은구상, 검팽나무, 겹산초롱꽃, 경성서덜취, 고려엉경퀴, 고려점나도식물, 골냉이, 곱슬사초, 관모포아풀, 관악잔대, 광릉개밀, 강릉갈퀴, 광릉골무꽃, 광릉제비꽃, 광양나비나물, 구름떡숙, 구름오이풀, 구름체꽃, 구상나무, 구슬바위취, 그늘꿩의다리, 그늘취, 금강봄맞이, 금강분취, 금강산돌배나무, 금강인가목, 금강잔대, 금강제비꽃, 금강초롱꽃, 금강포아풀, 금꿩의다리, 금마타리, 금강분취, 긴잎나비나물, 긴잎회양목, 깃덤불취, 깔끔좁쌀풀, 껄껄이풀, 꼬리말발도리, 꽃잔대

(큰잔대), 꽃황새냉이.

ㄴ 나도승, 나래완두, 난쟁이버들, 난쟁이패랭이꽃, 남해배나무, 낭림새풀, 너도양지꽃, 넓은산꼬리풀, 넓은잎딱총나무, 넓은잎쥐오줌풀, 노란팽나무, 노랑갈퀴, 노란무늬붓꽃, 노랑바꽃, 놀맥이천남성, 누른종덩굴, 눈산버들.

ㄷ 다발골무꽃, 단양쑥부쟁이, 담배취, 당분취, 대택자작나무, 댕강나무, 덤불자작나무, 덧나무, 덩굴꽈리, 도라지모시대, 돌부처손, 두메구름사초, 두메기름나물, 두메꼬리풀, 두메태극, 두메분취, 두메양귀비, 두메포아풀, 둥근미선, 둥근범꼬리, 둥근섬쥐똥나무, 둥근잎염주나무, 둥근잎참빗살나무, 둥근장구채, 들분취, 등대시호, 땃두릅나무, 떡버들, 떡조팝나무, 뚝향나무.

ㅁ 만리화, 말오줌나무, 매미꽃, 매자나무, 매화말발도리, 맥도둥글레, 멧땅비수리, 명천장구채, 모란바위솔, 목포등대, 묏꿩의다리, 묘향산분취, 무등풀, 문배나무, 미선나무, 민들체꽃(서홍체꽃), 민생열귀나무.

ㅂ 바늘엉겅퀴, 바위구절초, 바위송이풀, 배두산대극, 배두산자작나무, 백두산풀, 백설취, 백양꽃, 백운기름나물, 백운배나무, 백운원추리, 버들희나무, 범의귀, 벌개미취, 병꽃나무, 복메뚜기풀, 볼레괴불나무, 봉래꼬리풀, 부전바디, 부전자작나무, 부채싸리, 분홍미선, 붉은구상, 붉은잎갈나무, 붉은톱풀, 분취, 비단분취, 비로봉쑥, 미로봉쑥방망이, 뻐꾹나리, 뽕잎피나무.

ㅅ 사창분취, 산개나리, 산분취, 산비장이 산새콩, 산속단, 산솜다리, 산앵

도나무, 산이스라지, 산좁쌀풀, 산종덩굴, 산할미꽃, 삼색병꽃, 삼색싸리, 삼수구릿대, 삼수여로, 상아미선, 새끼노루귀, 새마디꽃, 색병꽃, 서울노간주나무, 서울오가피나무, 서울제비꽃, 선갯완두, 설령개현삼, 설령오리나무, 설령황기, 설악눈주목, 섬개회나무, 섬거북꼬리풀, 섬광대수염, 섬괴불나무, 섬꼬리풀, 섬노루귀, 섬단풍, 섬댕강나무, 섬매발톱나무, 섬모시풀, 섬바디, 섬벚나무, 섬산딸기, 섬새우난초, 섬소사나무, 섬시호, 섬신지(섬개모시풀), 섬오갈피, 섬자리공, 섬잔대, 섬장대, 섬제비꽃, 섬제비쑥, 섬쥐똥나무, 섬초롱꽃, 섬포아풀, 섬피나무, 섬현삼, 섬현호색, 성인봉천남성, 소사나무, 속리기린초, 솔비나무, 솜다리, 솜방망이, 솜분취, 수수꽃다리, 숫명다래나무, 숲솜나물, 신이대, 실제비쑥, 쌍실버들.

ㅇ 아자비과즐, 애기감동사초, 애기바위솔, 애기솔나물, 애기송이풀, 애기수련, 애기이삭사초, 애기좁쌀풀, 얇은개싱아, 어리병풍, 여우꼬리사초, 여우꼬리풀, 연밥갈매나무, 연밥피나무, 연잎꿩의다리, 염주나무, 왕개서어나무, 왕둥글레, 왕소사나무, 왕자귀나무, 우단꼭두서니, 우단석잠풀, 우산고로쇠, 우산오이풀, 웅기피나무, 이끼개수염(애기곡정초), 이노리나무, 일월토현삼.

ㅈ 자란초, 자주솜대, 자주잎갈나무, 작은산꿩의다리, 잔둥글레(섬각시둥글레), 장수만리화, 정영엉겅퀴, 제주괭이눈, 제주달구지풀, 제주산버들, 제주조릿대, 제주큰물통이, 조팝나무, 좀고채목, 좀두메취, 좀민들레, 좀향유, 좀호랑버들, 좁은잎돌꽃, 좁은잎함북종덩굴, 주걱장대, 주엽나무, 줄댕강나무, 지리괴불나무, 지리대사초, 지리말발도리, 지리 , 지리산개별꽃, 지리산오갈피, 지리터리풀, 진퍼리노루오줌.

ㅊ 차일봉개미자리, 참갈퀴덩굴, 참개별꽃, 참고추냉이, 참나리난초, 참바

늘사초, 참바위취, 참배나무, 참배암차즈기, 참이질풀, 참장대나물, 참졸방제비꽃, 참좁쌀풀, 참줄바꽃, 청분비나무, 청잎갈나무, 채꽃, 층층둥굴레.

ㅋ 칼송이풀, 큰구와꼬리풀, 큰뚝사초, 큰세잎쥐손이 큰잎느릅나무, 큰잎산꿩의다리, 큰산버들터리풀, 털갈매나무, 털괴불나무, 털기름나물, 털긴잎모시풀, 털꼬리풀, 털분취, 털오갈피, 털좁쌀풀, 털지렁쿠나무, 털피나무, 털히어리, 토현삼, 통영미나래냉이, 통영병꽃나무,

ㅍ 포태제비꽃, 푸른구상, 푸른미선, 풀싸리, 풍산가문비나무, 피뿌리풀한라각시둥굴레, 한라개승마, 한라돌창포, 한라산참꽃나무, 한라장구채, 할미밀망, 함북종덩굴, 함양원추리, 해남말발도리, 해변노간주나무, 햇사초, 호랑버들, 홀아비바람꽃, 홍도서덜취, 화살곰취, 황칠나무, 회령사초, 회망목, 흑산가시나무, 흰노랑붓꽃, 흰병꽃, 흰섬개회나무, 흰등괴불, 흰털괭이눈, 히어리.

식물원 야생화를 볼 수 있는 식물원

(수록순서 : 가나다… 순)

식 물 원	주 소	개장시간 / 휴무 / 입장료
고산식물원	경기 가평군 외서면 초명리 산 63 031-582-1783	09:00~17:00 / 연중 무휴 어른 4,000원, 청소년 3,000원, 어린이 2,000원
고운식물원	충남 청양군 청양읍 군량리 산 32-4 041-943-6245	3월~9월 : 09:00~18:00, 10월~12월 : 09:00~17:00 어른 8,000원, 학생 및 노인 4,000원
광릉수목원	경기 포천군 소흘면 직동리 72 031-540-1114	09:00~18:00, 공휴일, 토 · 일, 동절기(11~3월) : 09:00~17:00 어른 1,000원, 청소년 700원, 어린이 500원
금강식물원	부산 금정구 장전2동 산 43 051-582-3284	09:00~18:00, 동절기(11월~2월) 09:00~17:00 / 연중 무휴 어른 700원, 청소년 500원, 어린이 400원
기청산식물원	경북 포항시 북구 청하면 덕성리 362 054-232-4129, 4469	08:00~18:00 / 연중 무휴 1인 5,000원(사전 예약 필수)
남산야외식물원	서울 중구 회현동 1가 산 1-2 02-753-2651	09:00~18:00, 동절기(11~2월) : 09:00~17:00 / 연중 무휴 어른 300원, 청소년 200원, 어린이 100원
대아수목원	전북 완주군 동상면 대아리 산 1-2 063-243-1951	09:00~18:00, 동절기(11월~2월) 09:00~17:00 / 연중 무휴 무료
반성수목원	경남 진주시 이반성면 대천리 482-1 055-754-7969	09:00~18:00, 동절기(11월~2월) 09:00~17:00 / 연중 무휴 어른 1,500원, 청소년 1,000원, 어린이 500원
서울대공원식물원	경기 과천시 막계동 159-1 02-500-7611	09:00~19:00, 동절기(11~2월) : 09:00~18:00 / 연중 무휴 4월~6월, 9월~10월 : 어른 3,000원, 청소년 2,000원, 어린이 1,000원 7월~8월, 11월~3월 : 어른 1,500원, 청소년 1,200원, 어린이 700원
서울대 관악수목원	경기 안양시 안양2동 산 16-1 031-473-0071	13:30~18:00 / 월~목 : 유치원 · 학원 · 기관 등 단체 금 : 개인 및 가족 / 입장희망자 : 방문 예정일 1주일 전까지 전화신청
아침고요수목원	경기 가평군 상면 행현리 산 255 031-584-6703	08:00~21:00, 동절기(11~3월) : 09:00~19:00 / 연중 무휴 평일 : 어른 6,000원, 청소년 5,000원, 어린이 4,000원 주말 · 공휴일 : 어른 8,000원, 청소년 5,000원, 어린이 4,000원
여미지식물원	제주도 서귀포시 색달동 2920 064-735-1100	하절기(08:00~18:30), 동절기(09:00~17:30) 어른 6,000원, 청소년 4,500원
완도수목원	전남 완도군 군위면 대문리 산 109-1 061-552-1544	10:00~17:30, 동절기(10월~3월) 10:00~16:30 / 연중 무휴 무료
인천대공원식물원	인천시 남동구 장수동 산 190 032-465-0910	09:00~17:00 / 매주 화요일 어른 300원, 어린이 200원
천리포수목원	충남 태안군 소원면 의항리 1구 산 185 041-672-9310	08:00~17:30, 동절기(11월~3월) 08:00~17:00 / 수요일 무료
한국자생식물원	강원 평창군 도암면 병내리 405-2 033-332-7069	4월 1일~10월 31일 09:00~18:00 어른 5,000원, 청소년 3,000원, 어린이 2,000원
한라수목원	제주도 제주시 연동 100 064-746-4423	하절기(09:00~18:00), 동절기(09:00~17:00) / 연중 무휴 무료
한택식물원	경기 용인시 백암면 옥산리 산 153-1 031-333-3558	09:00~일몰 시, 동절기(11~3월) : 09:00~17:00 / 연중 무휴 평일 : 어른 7,000원, 청소년 5,500원, 어린이 4,000원, 주말 · 공휴일 : 어른 8,500원, 청소년 6,000원, 어린이 5,000원 동절기 : 어른 4,000원, 청소년 3,000원, 어린이 2,500원

꽃말 야생화 꽃말

갈대	깊은 애정		넝쿨월귤	마음의 고통을 위로하다
갈풀	끈기		노랑 물봉선	새색시의 기쁨
갓	무관심		노랑붓꽃	믿는 자의 행복
개암나무	화해		노랑수선화	사랑에 답하여
갯까치수염	친근한 정		노루귀	인내
겹벚꽃	정숙·단아함		노루오줌풀	열심
고비	몽상		노송나무, 서향	불멸
골고사리	진실의 위안		누운애기별	즐거운 추억
공작고사리	신명		느릅나무	고귀함, 믿음
과꽃	믿는 마음		능소화	명예
괭이밥	빛나는 마음		단풍나무	염려, 자제
국화	고결		달맞이꽃	자유스러운 마음
귀고리꽃	열렬한 마음		담쟁이덩굴	우정
금사슬나무	슬픈 아름다움		데이지	명랑, 순수한 마음
금어초	욕망		도라지	상냥하고 따뜻함
금잔화	박애		독일붓꽃	멋진 결혼
금잔화	이별의 슬픔		동백	비밀스런 사랑, 고결한 이성
꼬리풀	달성		동백나무	매력
꽃고비	와주세요		동자꽃	기발한 지혜
꽃담배	그대 있어 외롭지 않네		딸기	사랑과 존경
꽃아카시아나무	품위		딸기꽃	애정
꽃창포	우아한 마음		떡갈나무	붙임성이 좋다
꽈리, 감	자연미		떡갈나무	사랑은 영원히
나팔꽃	넘치는 기쁨, 덧없는 사랑		라일락	사랑의 싹이 트다
낙엽	새 봄을 기다림		로벨리아	악의가 없어요
낙엽송	대담		마	운명

마취목	게으름을 모르는 마음	봉선화	날 건드리지 마세요
매발톱꽃	승리의 맹세, 솔직	부들	순종
매자나무	까다로움	부용	섬세한 아름다움
매화	맑은 마음, 고결한 마음	부처꽃	사랑의 슬픔
머위	공평	사과	명성
멋풀	신뢰	사과나무	유혹, 은혜
모과	평범, 유일한 사랑	사초	자중
무궁화	미묘한 아름다움	사향장미	변덕스런 사랑
무릇	강한 자제력	산옥잠화	사랑의 망각
무화과	풍부	살구꽃	아가씨의 수줍음
물망초	날 잊지 말아요	삼나무	그대를 위해 살다, 웅대
미나리아재비	아름다운 인격, 천진난만	삼색제비꽃	순애
미모사	예민한 마음	서양톱풀	지도력
미스김라일락	아름다운 맹세	서양호랑가시나무	선견지명
민들레	신탁(神託)	석류	원숙한 아름다움
바람꽃	그대를 사랑해	설난	인생의 출발
바위솔	가사에 근면	설앵초	젊은날의 고뇌
바위취	절실한 사랑	소나무	불로장생, 용감
박하	미덕	수련	청순한 마음
밤꽃	진심	수박풀	아가씨의 아름다운 자태
배나무	온화한 애정	수양버들	내 가슴의 슬픔, 사랑의 슬픔
백리향	용기	수염패랭이꽃	의협심
백일홍	행복	시계꽃	성스러운 사랑
범의귀	비밀	쑥부쟁이	공훈, 애국심
범의귀	절실한 애정	씀바귀	순박함
벚꽃난	동감	아리스타타	아름다움의 소유자
벚나무	정신미	애기별	순수
보리	일치단결	앵초	비할 바 없는 아름다움, 돌보지 않는 아름다움
보리수	부부애		
복숭아꽃	사랑의 노예	양귀비	망각, 위로

어름	희망	측백나무	견고한 우정
엉겅퀴	독립, 엄격	치자나무	한없는 즐거움
에리카	고독	콩꽃	반드시 오고야 말 행복
연영초	그윽한 마음	큰앵초	젊은날의 슬픔
오리나무	장엄	토끼풀	약속, 감화, 쾌활
옥수수	재보(財寶)	패랭이꽃	사모, 언제나 사랑해
올리브나무	평화	플라타너스	천재
용담	슬픈 그대가 좋아	할미꽃	후회 없는 청춘
우엉	괴롭히지 말아요	해당화	이끄시는 대로
월계수	명예	해바라기	아름다운 빛
월귤	반항심	호랑이발톱	나를 사랑해주세요
은매화	사랑의 속삭임	호박	광대함
은방울꽃	섬세함	황금초롱	겸손
이끼	모성애	황새냉이	그대에게 바친다, 사무치는 그리움
이끼장미	순진무구		
인동	사랑의 인내	회양목	참고 견뎌냄
자운영	나의 행복, 감화	회오라비	진심으로 사모함
잡초의꽃	실제적인 사람	회향목	극찬
재스민	사랑스러움	흑단사	꿈길의 애정
점나도나물	순진	흰독말풀	경애
접시꽃	열렬한 사랑		
제비꽃	수줍은 사랑		
조팝나무	단정한 사랑, 선언		
종려나무	승리		
주목	고상함		
쥐꼬리망초	가련미의 극치		
진달래	사랑의 기쁨		
찔레	당신을 노래합니다		
천남성	죽음도 아깝지 않으리		
초롱꽃	성실, 감사		

참고문헌

『원예사전』, 농경과원예, 1999.

『우리가 정말 알아야 할 우리꽃 백가지』(1·2·3), 현암사, 김태정, 2000.

『초보자를 위한 분재』, 삼호미디어, 이종석, 2000.

『동양난 첫걸음』, 동양난연구회, 1990.

『아름다운 우리꽃』(봄·여름), 교학사, 현진호·문순화, 1999.

『피어라 풀꽃』, 다른세상, 이남숙·여성희, 2000.

『할미꽃 전설을 아십니까』, 신구, 김창렬, 1995.

『자생식물 대백과』, 생명의나무, 안영희·이택주, 1997.

『기초원예용어집』, 서원, 박석근·부희옥·서병기·홍경훈, 1998.

『꽃재배전과』, 내외출판사, 김병우·김유현, 1990.

『한국의 산야초』, 국일미디어, 김태정, 1994.

『원예이론과 실제』, 한국원예문화원, 차건성, 1991.

『한국의 약용식물』, 교학사, 배기환, 2000.

『한국의 산야초』, 넥서스, 장준근, 1996.

『한국의 고산식물』, 교학사, 이영노, 2000.

『대한식물도감』, 향문사, 이창복, 1979.

『식물학 대사전』, 거북출판사, 송주택, 1985.

『한국의 자생식물』, 농진회, 농촌진흥청, 1991.

『한국의 자생식물』(1·2·3·4·5), (사)한국자생식물협회, 1992.

『日本植物志』, 保育社(日本), 牧野富太郞, 1919.

『植物の世界』(1·2·3·4), 教育社, 竹內均, 1988.

『野の草花圖鑑』, 偕成社, 杉村昇, 1994.

집에서 키우는
사계절 **야생화**
오래오래 잘 기르는 법

초판 1쇄 인쇄 2006년 4월 3일
초판 1쇄 발행 2006년 4월 10일

글·사진 김 필 봉
펴 낸 이 김 재 련
펴 낸 곳 학마을 B&M

   기획, 편집 신초란
   디 자 인 원제현
   제   작 송대규
   마 케 팅 정진철

주   소 서울특별시 마포구 동교동 200-19 오비브빌딩 401호
전   화 (02) 324-2993 / 324-2994
팩   스 (02) 324-2904
홈페이지 www.kookjeon.com
이 메 일 japanex@hanmail.net
등   록 1996.11.14 제1-2106호

copy right ⓒ 2006 김필봉
저작자와의 협의에 따라 인지는 생략합니다.
이 책은 학마을B&M이 저작권자와의 계약에 따라 발행한 것이므로
본사 허락없이는 어떠한 형태나 수단으로도 이 책의 내용을 이용하지 못합니다.

ISBN 89-87576-31-0 (13640)

※ 잘못된 책은 바꾸어 드립니다.

정가 19,000원